JN302915

はじめての熱帯魚飼育

魚を上手に飼うために必要なもの必要なこと

月刊アクアライフ編集部編

はじめに

　水槽で水棲生物を飼う趣味のことを「アクアリウム」と言います。飼育対象となるのは魚はもちろん、シュリンプや水草、カメ、カニなどまで含まれます。中心となるのはやはり魚で、特にカラフルな熱帯魚は、古くから世界各地で親しまれてきました。

　アクアリウム界における熱帯魚とは、南米、アフリカ、東南アジア、オセアニアなどの温〜熱帯域に生息する魚たちを指します。生息地の水質はほぼ淡水ですが、中には河口のような汽水域で生活する魚も存在します。熱帯魚の容姿は、カラフルなボディや端正なフォルム、ユーモラスな表情、精悍で野性味に溢れた顔つきなど、種によって様々です。サイズも、2cmほどの小さなものから軽く1mを超す大型魚まで、大きく異なります。ペットとして飼われる生き物の中でも、これほどまでにバリエーション豊富なジャンルは他になく、このことは熱帯魚飼育の奥の深さにもつながっています。

　熱帯魚の楽しみ方は、人それぞれです。たとえばアマゾン河に憧れている人であれば、魚も水草もアマゾン河産のもので揃えれば、自宅がアマゾン河の水辺へ早変わり。アマゾン河に限らず、東南アジアの河川やアフリカの湖などの水景を目の前に再現することもできたりと、実に贅沢で、スケールの大きな趣味と言えるでしょう。さらに、自然界では別々の地域に暮らす魚たちを同じ水槽に泳がせることも可能と、自分が描く夢にそって、水景を作り出せるのです。

　そのように、熱帯魚飼育の可能性は無限大とも言えるのですが、飼い主の理想だけを優先しすぎて、かわいい魚たちに負担がかかってはいけません。魚は命ある大切な生き物なので、いつまでも健康に育てるためには、守らないといけない事柄もあるのです。本書では、自然の恵みである大切な魚たちを上手に飼うためのポイントを、詳しく紹介していきましょう

熱帯魚には夢がある！

目次 CONTENTS

はじめに……………………………………… 2

飼育をはじめる前の心がけ

熱帯魚の生息地を覗く………………………… 6
アクアリウムの魅力と楽しみ方……………… 10
熱帯魚のための飼育器具……………………… 14
水景を演出するレイアウト素材……………… 22
きれいな水を作る仕組みと水の性質………… 24

飼育開始から日頃の世話まで

混泳水槽のセッティング手順………………… 26
〜水質チェック・水換え・コケ取り・フィルターとろ材の掃除〜
日頃のメンテナンス…………………………… 36
熱帯魚に与える餌……………………………… 42

熱帯魚の種類と飼い方・殖やし方・病気対策

きれい！ かわいい！ かっこいい！ おすすめ熱帯魚カタログ …… 46
・カラシンの図鑑と飼い方…………………… 47
・コイの図鑑と飼い方………………………… 52
・メダカの図鑑と飼い方……………………… 56
・シクリッドの図鑑と飼い方………………… 60

・アナバンティッドの図鑑と飼い方 …………… 66
・ナマズの図鑑と飼い方 ………………………… 69
・その他汽水魚などの図鑑と飼い方 …………… 74
・古代魚の図鑑と飼い方 ………………………… 78
・シュリンプの図鑑と飼い方 …………………… 83
魚の組み合わせのコツ …………………………… 86
繁殖を楽しもう …………………………………… 88
病気の予防と治療法 ……………………………… 98

水槽内に美しい緑を！

きれいで丈夫な水草カタログ …………………… 102
水草の下準備と植え方 …………………………… 106
丈夫な水草でお手軽レイアウトを作ろう ……… 110
水草の上手な育て方 ……………………………… 114

直面しがちな疑問を解決！

アクアリウムにまつわる Q&A ………………… 118

雄大な自然に育まれる美しき魚たち
熱帯魚の生息地を覗く

"熱帯魚"と呼ばれる魚の主な産地は、「南米」、「東南アジア」、「アフリカ」です。また、東南アジアやヨーロッパなどでブリードされた魚も入荷しますが、それらも元をたどればこれらの自然下に暮らしていた野生動物です。ここでは、熱帯魚のふるさとの光景をご覧いただきましょう

南米

多くの熱帯魚を育む南米大陸。長大な河川は、熱帯雨林のシンボルです。中でも"熱帯魚の宝庫"として有名なアマゾン河は、流域面積が世界最大の約650km^2。日本の国土面積の15倍以上にもなるこの流域には、様々な熱帯魚が暮らしています。宝石のように輝くカージナルテトラは支流のネグロ川、古代魚の代表アロワナはアマゾン河流域が故郷。そしてコリドラスやプレコなど、変わったナマズが多いのもアマゾン河の特徴です。アメリカ大陸では、中米や北米からも一部の熱帯魚が入荷しています

ブラジルを中心にボリビアやパラグアイの一部をも含む、世界最大の湿原パンタナル。古くから熱帯魚の産地として知られ、テトラやアピストグラマ、コリドラスなど多数の人気種を輩出しています

パンタナル湿原の浅瀬を泳ぐ、キャリタステトラの群れ。赤いボディは、水中に舞う宝石のよう

透明度の高い川に泳ぐ、"黄金の魚"ドラード。美しい水が、美しい魚を育んでいると実感できる光景です。撮影場所のラ・プラタ川は、アマゾン河、オリノコ川と並ぶ南米を代表する巨大水系です

ブラジルのマットグロッソ州に流れる、テレスピレス川。この州に流れる河川には、シクリッド、カラシン、プレコなどが生息しています

テレスピレス川の水中にて、卵を守っているゲオファーグスのメス。ゲオファーグスとは南米に生息する中型シクリッドのグループで、水槽内でも繁殖可能な種が多いです

ブラジルのリオデジャネイロを流れる河川。日本の中〜上流河川を思わせるような景観です

河川の水中では、コリドラス・バルバートゥスが摂取の最中でした。コリドラスを飼育する際には、このように粒の細かい砂を用いましょう

コロンビアを流れる、キャノ・クリスタレス川。赤く見えるのは、この川に固有の水草マカレニア・クラヴィゲラ。コロンビアも、多くの人気魚の輩出地です

キャノ・クリスタレス川の水中にたたずむアピストグラマ・アラクリナ。アピストグラマとは全長数cmほどの小型シクリッドで、南米広域に様々な種が生息しています

東南アジア

東南アジアには、日本の魚と関係の深いものが多く見られます。その代表が、コイ科の仲間たち。大河はもちろん、細流や湿地など、水のあるところなら必ずこの仲間が生息しています。ラスボラやバルブなど、小型のコイ類には色彩豊かな種が多く、アクアリウム界では古くから人気があります。さらに、ベタやグーラミィ、現地では食用としても需要の高いスネークヘッドの仲間など、個性的な魚たちが分布しています。

木々に囲まれた、スマトラ島（インドネシア）の細流。水の透明度は高く、バルブ、ローチ、ラスボラ、グーラミィなどが生息しています

左の細流で採集されたスマトラ。アクアリウム界では、古くから親しまれている小型のコイです

東南アジアにおける熱帯魚のメッカとも言える、タイ。山中にはヤシが生い茂り、昼間でも薄暗いですが、小さな水辺には色彩豊かな魚が生息しています

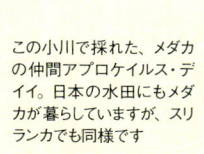

この水域で採れた、ベタ・マハチャイエンシス。ベタは熱帯魚を代表するグループで、原種から改良品種まで様々な顔ぶれが揃っています

スリランカを流れる小川。まるで日本の水田地域を思わせるような光景です

この小川で採れた、メダカの仲間アプロケイルス・デイ。日本の水田にもメダカが暮らしていますが、スリランカでも同様です

アフリカ

アフリカの熱帯魚の生息地は、河川もしくは湖に大別されます。水質は、河川は弱酸性〜中性、湖は中性〜弱アルカリ性と、大きく異なります。河川にはシクリッド、フグ、バルブなどから、エレファントノーズのような個性派まで生息しています。熱帯魚の産地として知られる湖には、マラウイ湖、タンガニイカ湖、ヴィクトリア湖があり、いずれも透明度が高く、シクリッドを中心にナマズなども生息しています

マラウイ湖の水中は、抜群の透明度を誇ります。泳いでいるのは、ムブナやアウロノカラの仲間などのアフリカンシクリッド

潜水して採集する漁師。マラウイ湖には、食用の魚を採る漁師の他に観賞魚用のシクリッド専門の漁師もいます。場合によっては40mもの深さまで潜り、シクリッドを探すそうです

採集されたマラウイ湖産シクリッドは、現地のたたき池で1〜2ヵ月かけて状態を整えられてから、日本などへ輸出されます

漁師は背中に、ボート上のコンプレッサーから空気を送られるエアホースをつけて潜ります

様々な可能性を秘める趣味
アクアリウムの魅力と楽しみ方

アクアリウムとは、単に「魚を飼育するだけ」ではありません。そこから派生する様々な楽しみ方があるのでご紹介します。お気に入りのスタイルが見つかったら、ぜひチャレンジしてみましょう

色々な魚を泳がせる

色々な魚が泳ぐ水槽は、賑やかで見ていて楽しいものです。産地が異なる魚は、もちろん自然界では一緒に泳ぐことはありません。しかし水槽の中では、自然界ではあり得ない魚の組み合わせを楽しむことができます。時にアクアリウムは、自然をも超えると言えるのです

水面直下を泳ぐマーブルハチェット。上層がさみしいときに泳がせるのに向く魚です

小さくコロコロとした容姿がかわいらしいコリドラス・トリリネアートゥス。アマゾンに生息するナマズの仲間で、底で生活しています

幅40cmの水槽に、7種類の魚が泳いでいます。アクアリウムでは、複数の魚を一緒に飼うことを「混泳」といいます

■「混泳」についての詳細は86ページ〜

同種の群れを楽しむ

自然界では、群れで泳いでいる魚も多いです。そのような魚はたいてい、水槽内でも同じ姿を見せてくれます。同種のみの群れには、混泳水槽では味わえないまとまり感が表現され、シンプルながら美しい光景を楽しめます

泳いでいるのは、成魚でも全長2cmほどのスンダダニオ・"グリーン"。ペットとして飼われている生き物の中では、トップクラスの小ささです

30cmサイコロ水槽に、小さなコイの仲間を泳がせました。例外もありますが、小型魚には群れを好むものが多い傾向はあります

自分の家が水族館！？

熱帯魚の中には、全長1m前後という大きな魚もたくさんいます。そんな魚を飼うには、相応の大型水槽が必要となります。設備には手間がかかりますが、自宅にいながらにして、まるで水族館かのような迫力をいつでも楽しむことができるのです

幅300×奥行き120×高さ100cmという巨大水槽。このお宅では、玄関を入るとこんな素敵な光景が飛び込んできます。水槽は、玄関とリビングとを仕切るパーテーションの役目も

泳いでいるのは、シルバーアロワナ（写真）やアジアアロワナなどの大型古代魚が中心。古代魚とは、数億年前からほとんど姿を変えずに生き延びてきた魚たちのことです。そのような地球の歴史すら感じさせる生き物と暮らすことができるのも、アクアリウムならではです

■「古代魚」についての詳細は78ページ〜

水草で水中ガーデニング

アクアリウムが対象としている生き物には、魚だけでなく水草も含まれます。水草には、形状や色みなど、様々なものが揃っています。アクアリストの中には、水草の魅力にとりつかれ、魚は泳がせずに水草だけを楽しむ人もいるほどです

■「水草」についての詳細は102ページ〜

幅36cmの水草レイアウト水槽に、レッドテトラとチェッカーボードシクリッドが舞っています。大きな水槽であればそのぶんたくさんの水草を植えることができますが、小型水槽でも小さめの水草を使うことで、このような雄大な光景を作り出せます。底面のリシアは、まるで芝生のよう

インテリアとしての存在感

魚や水草がライトに照らされる様は、インテリアとしても高い完成度を誇ります。また、魚が泳ぐ姿や水草の揺らぎ、水のせせらぎ音などには、癒し効果があることも知られています。アクアリウムは他のインテリアとは異なり、常に動きがあり、また時間の経過とともに中の様子が変化していくのも、おもしろいところです

広いダイニングの出窓に、180×45×60（高）cm 水槽が置かれたお宅。ダイビングが趣味のご主人による、「きれいな魚をいつでも見れたらいいな」という想いからセットされたものです。この出窓には、当初は絵画や置物などを置く案もあったそうですが、日々の変化があり、ご家族の皆が大好きなアクアリウムが選ばれました

泳いでいるのは、グッピーや"ラスボラ"・エスペイ、アルビノプリステラなど淡水棲の熱帯魚たち

陸地も備わったアクアテラリウム

水をいっぱいまで入れずに、あえて陸地を作る「アクアテラリウム」というスタイルもあります。陸地があるだけで、より自然感が強くなり、飼育できる生き物は魚はもちろんカメやカエル、カニなどまで広がります。陸地に植える植物には、観葉植物を用いても楽しいでしょう

120×45×45cm 水槽にて、大きな石を用いたアクアテラリウム。まるで渓谷のような光景です

手軽なボトルアクアリウム

小さな容器に、水草や魚を入れて楽しむスタイルを「ボトルアクアリウム」と言います。置き場所に困らず、インテリアとしても楽しめます

水槽ではない球形の器を用いたボトルアクアリウム。青い底砂が、清涼感を醸し出しています。ボトルアクアリウムでは、魚に負担をかけないよう植物だけを楽しむのがおすすめですが、魚を入れる場合は丈夫な小型種を選びましょう。ここではエンドラーズという野生メダカを泳がせています

かわいい子どもが殖える喜び！
ブリーディング

熱帯魚の中には、水槽内でも繁殖可能な魚がたくさんいます。難易度は魚種によって異なりますが、どの魚の場合でも繁殖したということは、水槽内が繁殖に適している好環境と魚が判断したとも考えられます。魚から飼い主への「ありがとう」というメッセージかもしれませんね

■「繁殖」についての詳細は88ページ〜

■ CASE1　ラミレジィ

産卵行動中のラミレジィ。ラミレジィは平たい石や流木、枯葉などの物の表面に産卵するオープンスポウナーです。メスの産卵とオスの放精が、交互に行なわれます

自由遊泳を始めた稚魚を見守るラミレジィのペア。ラミレジィとは南米に生息する小型シクリッドで、このような光景が見られるのが、シクリッド飼育の楽しみとも言えます。稚魚が迷子にならないよう、親魚が体で信号を送って稚魚をまとめる様子も観察できます

稚魚を守るオス親。ラミレジィのペアは、終日交代で稚魚を保護します。オスが稚魚を守る時は、メスが周囲をパトロールします

■ CASE2　インペリアルゼブラプレコ

インペリアルゼブラプレコとは、白黒のゼブラ模様で人気のナマズです。穴の中で産卵するという習性があるため、産卵床には竹炭や素焼きの筒などが使われます。写真は、卵を守るオス

同じ容姿をした大小の親子。上手に飼い続けていれば、こんなかわいらしい光景が楽しめるのです

揃えておくと安心・便利！
熱帯魚のための飼育器具

熱帯魚の飼育には、いくつかの器具が必要です。魚を状態よく飼い続けるには適正な環境を整えることが大切なので、飼育魚にとって必要なものがあれば揃えておきましょう。ここでは必ず要するものから、使用すればより魚のためになったり管理が楽になるものまで、幅広く取り上げました

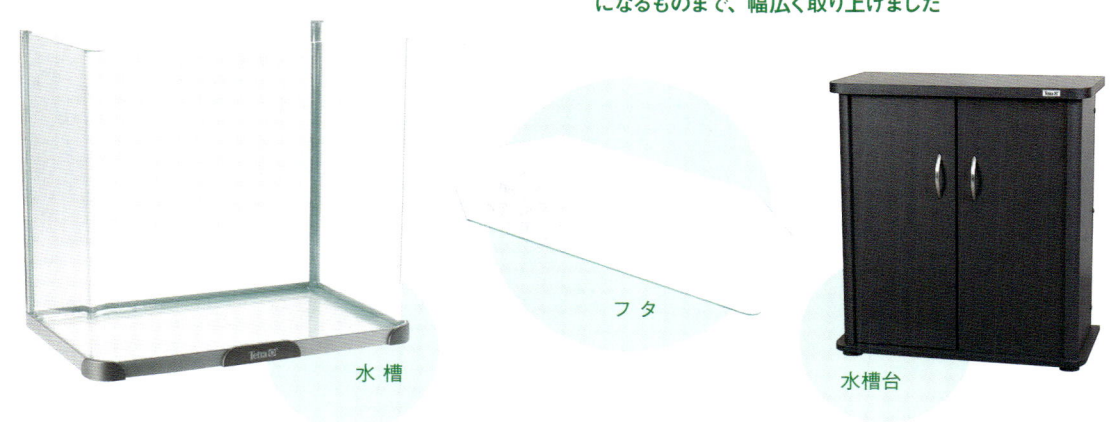

フタ

水槽

水槽台

■ 水槽・フタ

　一般的な水槽は、ガラス製もしくはアクリル製です。ガラス製は傷がつきにくいが重く、アクリル製は傷はつきやすいが軽くて扱いやすいのが特徴です。たとえば、流通していることの多い幅60cm前後の既製品の水槽は、たいていガラス製です。一方、アロワナなど大型魚の飼育に用いられる大型水槽（特注されることも多い）は、アクリル製が一般的です。

　水槽は、小型になるほど置き場所を選ばず、コケ取りなどのメンテナンスも楽ですが、水温や水質が変化しやすいのが難点です。大型水槽は置き場所こそ限られるものの、水量が多いほど水温や水質は安定しやすく、また飼育できる魚種の幅が広がったり、たくさんの魚を収容できるなどのメリットがあります。

　古くから普及しているのは、60×30×36（高）cm水槽（通称60cmレギュラー水槽）です。室内にも置きやすいサイズで、水量も約55ℓとそこそこあるので、全長30cm程度までの魚の単独飼育や小型魚の複数飼育などに、幅広く使用できます。

　近年では、インテリアとして魅力十分な個性的で洒落たデザインの水槽が増えてきました。そのような水槽は、60cmレギュラー水槽に比べると小型なことがほとんどで、そのぶん飼育できる魚種は限られてきます。とはいえ、水槽のデザインを優先してアクアリウムをスタートさせるのも、ひとつのスタイルです。その場合は、水槽サイズに応じて飼育魚を選びましょう。大きく成長する魚を小さな水槽で無理矢理飼うのは、避けたいものです。

■ 水槽台

　水槽を設置するための専用台で、木製や鉄製、ステンレス製が一般的です。水槽を家具などの上に置くと、板がたわみ、水槽の底に負荷がかかって水漏れしてしまうこともあります。そのような事故を防ぐためにも、必ず専用台に置くようにしましょう。

　また、小さな水槽では、専用台ではなくテーブルや

照明器具

タイマー

塩素中和剤

観賞魚用浄水器

エアポンプ

エアチューブ・エアストーン・逆流防止弁

家具などの上に置かれるケースも多いです。ただしその場合は、必ず自己責任において行なってください。

水槽の設置場所は、玄関のような震動が多い場所は避けるようにします。一般には、観賞のしやすさやインテリアとしての役割、癒し効果などから、リビングや寝室に置かれることが多いです。水換えのしやすさを優先して、水道に近い場所・部屋に置くのもよいでしょう。

■ 照明器具・タイマー

光は、魚を美しく照らし出したり、健康維持や観察のために必要です。また、水草の生長にも欠かせません。近年ではLEDライトを使った商品が一般的で、水槽サイズに応じて適正な光量のものを選びましょう。

1日の点灯時間は8～12時間が適当で、コケが出すぎるようなら短く、水草の生長が遅いようなら長くするなど、状況に応じて調節します。観賞するときだけ不規則に点けると、魚にストレスを与えてしまいます。できれば、魚や水草にストレスを与えないよう、タイマーを用いて毎日規則正しい時間に点けるようにしましょう。

■ 塩素中和剤・観賞魚用浄水器

魚やろ過バクテリアに有害な、水道水に含まれる塩素を中和または除去してくれるものです。観賞魚用の浄水器は、塩素以外の有害な成分も吸着・除去してくれるので、より飼育に適した水を作ることができます。

■ エアポンプ

水中に空気を供給する器材で、エアチューブをつなげて使用します。底面式や投げ込み式、スポンジフィルターに用いたり、酸素補給だけが目的であればエアストーンにつなげます。高水温時には特に水中の酸素が不足しやすいので、フィルターとは別にエアレーションを施すとよいでしょう。

使用の際に注意したいのは、置き場所です。エアポ

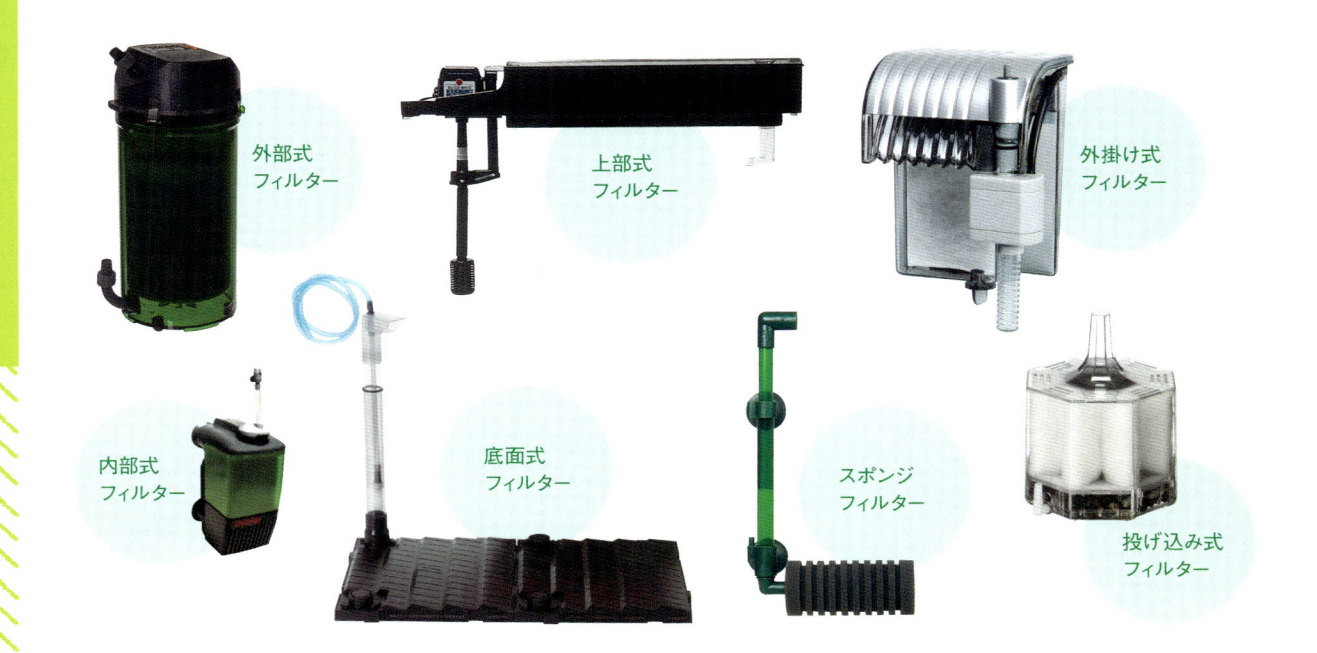

外部式フィルター　上部式フィルター　外掛け式フィルター
内部式フィルター　底面式フィルター　スポンジフィルター　投げ込み式フィルター

ンプを水面の高さよりも下にセットすると、停電などで停止した際に水が逆流してくることがあります。そのため水面よりも高い場所へ置くか、エアチューブの途中に専用の逆流防止弁を接続しておきましょう。

■ フィルター

　魚を元気に飼うためには、きれいな水を用意することが大切です。そのために欠かせないのが、フィルターです。ろ過の方法には、活性炭やゼオライトなどの吸着ろ材を使って有害物質を吸着する「吸着ろ過」、魚のフンなどをウールマットなどでこし取る「物理ろ過」、ろ過バクテリア（ろ過細菌）の働きで飼育に安全な水を作る「生物ろ過」があります。フィルターは、これらのろ過を行なうために必要です。

　フィルターの種類には、上部式、外部式、内部式、外掛け式のようにポンプを使って水を循環させるものと、エアリフトの力で水を循環させるタイプの底面式やスポンジフィルター、投げ込み式などがあります。熱帯魚飼育にはどれも使用できるので、水槽サイズや飼育匹数などに応じて選ぶとよいでしょう。また、ろ過能力を高めたい場合は、それらを併用したり、同じタイプを2基以上使用するのもよい方法です。それによって、ひとつが故障した場合でも、急激な水質悪化を防ぐこともできます。

　小型のラスボラやベタ、グーラミィのように、強めの水流が苦手なものもいます。そのような魚には、水流の向きを水槽壁面へ向けたり、エアの排出量を弱めるなど、気を遣ってあげましょう。

　グッピーのように子どもを産みやすい魚がいる水槽では、小さな稚魚が吸い込まれないよう、底面式やスポンジフィルターを使うか、上部式や外部式、外掛け式などの吸水口に専用のスポンジを接続しておきます。

■ ろ材・ウールマット

　ろ材とはろ過バクテリアの住み家になるもので、上

● ポンプによって水を循環させるフィルター

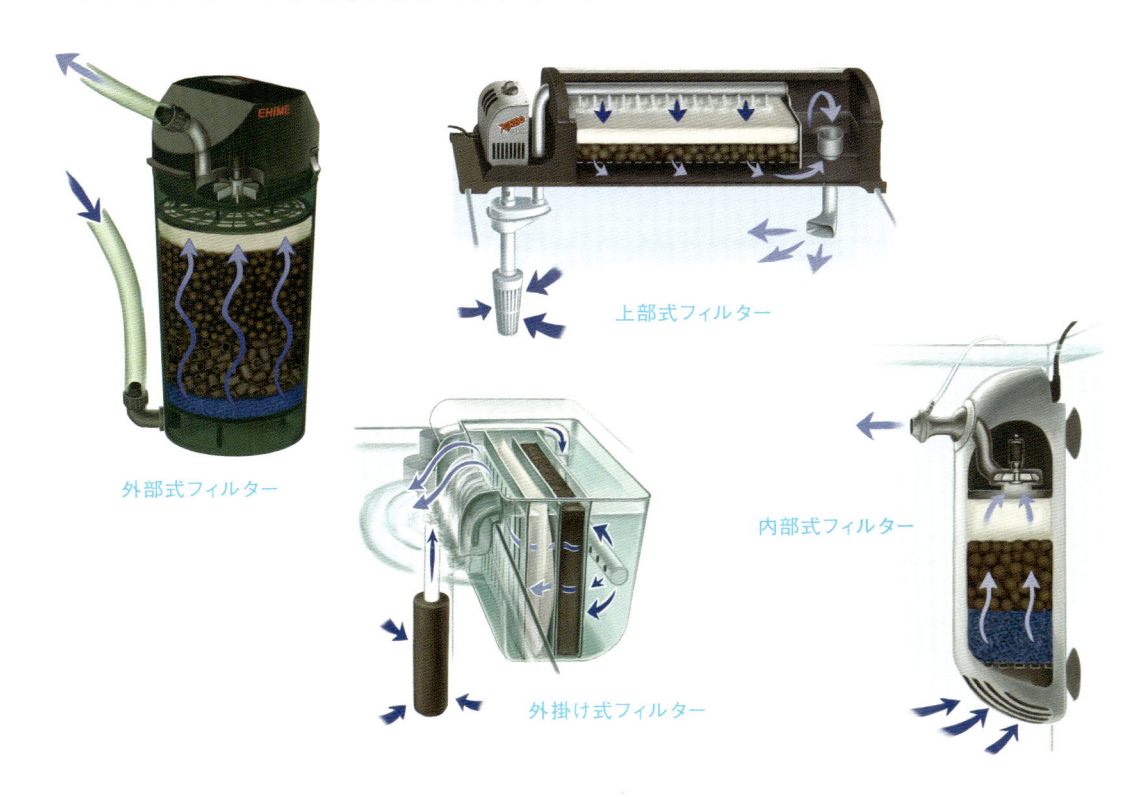

外部式フィルター

上部式フィルター

外掛け式フィルター

内部式フィルター

● エアリフトによって水を循環させるフィルター

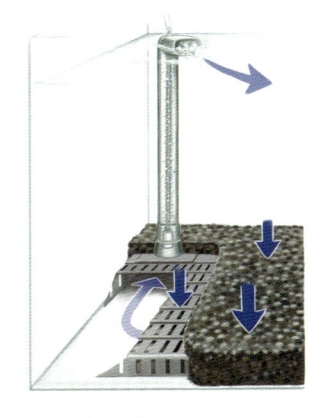

底面式フィルター

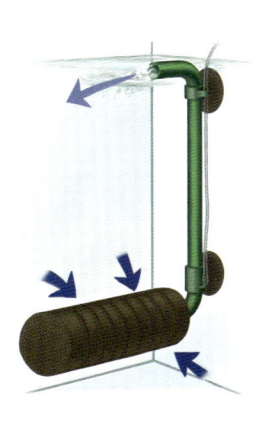

スポンジフィルター

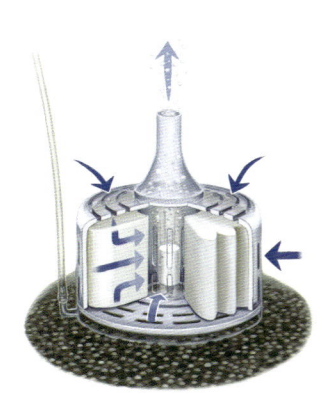

投げ込み式フィルター

17

リング状
ろ材

ウールマット

活性炭

ろ材
（水質を調整
するタイプ）

ろ過
バクテリア

水質
調整剤

水質検査キット

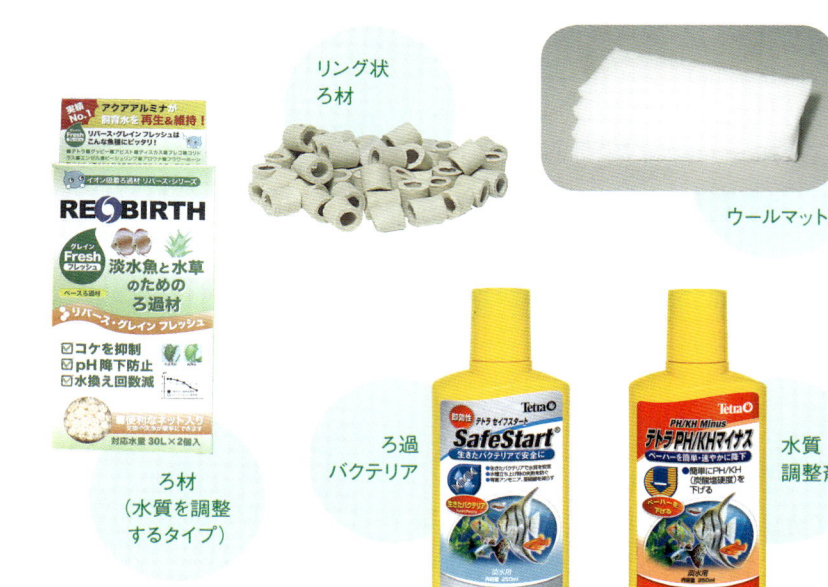

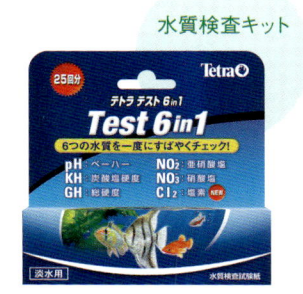

部式・外部式・外掛け式・投げ込み式フィルターの中に入れて使用します。上部式・外部式に用いるろ材の素材はセラミックが多く、形状はリング状や球状などがあります。たいていのろ材は水質に対して影響を与えませんが、商品によってはあえて水質を酸性もしくはアルカリ性に傾けるものもあるので、飼育魚に応じて選ぶとよいでしょう。

またサンゴ砂には水質をアルカリ性に傾ける性質があるので、pHを上昇させたり、pHの急降下を防ぐ目的で、ろ材として使われることもあります。

上部式では、大きなゴミをこし取るために、ろ材の上にウールマットを載せて使用するのが一般的です。

外掛け式のろ材には純正のバッグ（ウール＋活性炭）が、投げ込み式のろ材には純正のウールマットや活性炭が付属されています。いずれも、長期間使用を続けるとろ過能力が落ちてくるので、説明書にしたがって定期的に交換するようにしましょう。

そのほか、スポンジフィルターではスポンジそのものが、底面式フィルターでは底砂自体がろ材の役割を果たします。

■ **活性炭**

水の黄ばみや悪臭などを吸着してくれるものです。フィルターのろ過槽内のような、水の流れが当たる場所へセットします。長期間使用すると効力が薄れるので、規定通りに交換しましょう。

■ **ろ過バクテリア**

ろ過バクテリアは、水槽をセットして水を回していると自然に（淡水の場合はたいてい1週間前後で）発生・増殖していきますが、急いでいる場合には市販品を用いるという方法があります。

■ **水質調整剤**

液体や粉末、固形状のものがあり、水に添加することでpHや硬度などを変化させます。水質の急変は生

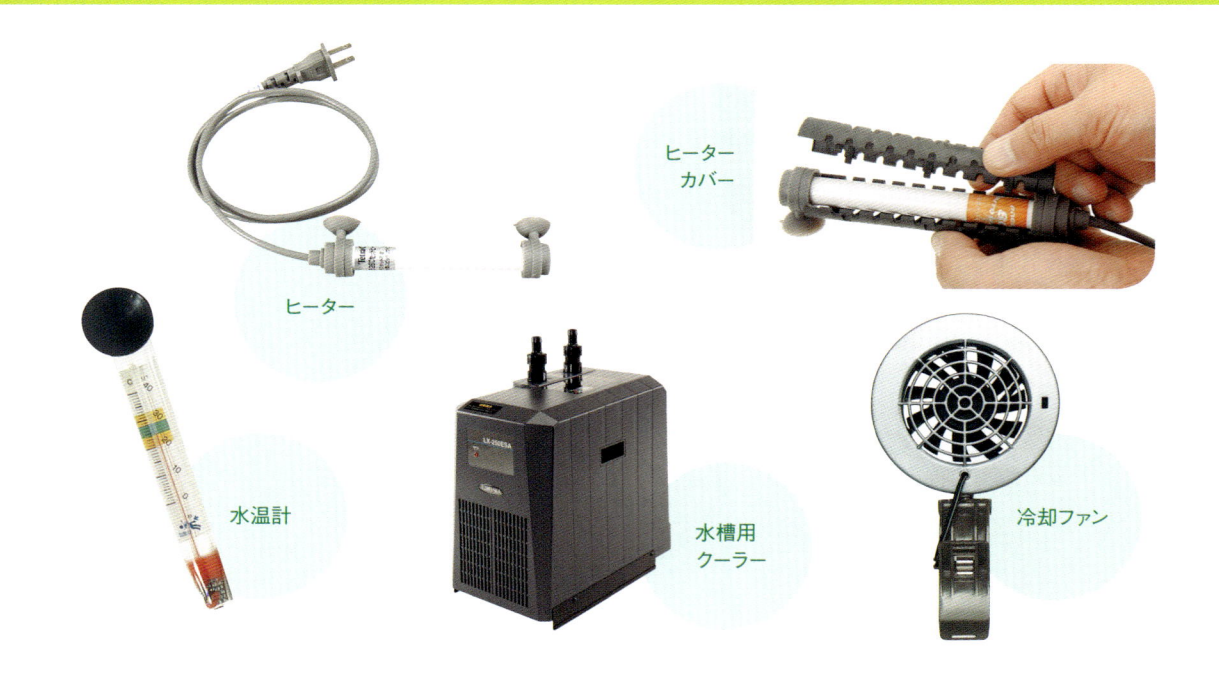

物へショックを与えてしまうので、飼育水槽へ添加する場合は少量ずつ時間をかけて様子を見るか、バケツなどで調整後の水を水槽へ入れるようにします。

■ 水質検査キット

pHや亜硝酸、アンモニアなどの数値を計測するためのキットです。水質チェックは魚を状態よく飼うために必要な作業で、特に水槽を立ち上げてから3ヵ月程度（このへんで水質が落ち着いてくる）までは、定期的に行ないたいものです。また、魚の体調が悪化した際に、要因を調べるのにも役立ちます。

■ 水温計

水温のチェックは毎日欠かせないものなので、水温計は必ずセットします。写真のように吸盤で水槽壁面へ付けるタイプが一般的ですが、デジタル式や水槽外側の壁面へ付けるものもあります。

■ ヒーター・ヒーターカバー

飼育水を、魚や水草などに適した水温（たいていの種では25℃程度）に保つために必要です。熱を発することで水温を上げるものであり、水温を下げることはできません。写真は自動的に水温を25℃程度に設定してくれるオートヒーターですが、決まった範囲内（商品によって異なる）で温度調整できる商品も多いです。万が一故障したときのために予備を備えておきたいものですが、まずは1本を選ぶなら、使い道に融通のきく温度調整可能なものがおすすめです。

いずれも、生体のヤケドや火災事故を防ぐため、専用のヒーターカバーを付けておきましょう。

■ 水槽用クーラー・冷却ファン

"熱帯"魚という言葉からは高水温に強いイメージを持たれるかもしれませんが、30℃以上の高水温が続くことを苦手とする熱帯魚も多いです（アジアアロワナやディスカスは、30℃前後で飼育するのが一般的）。

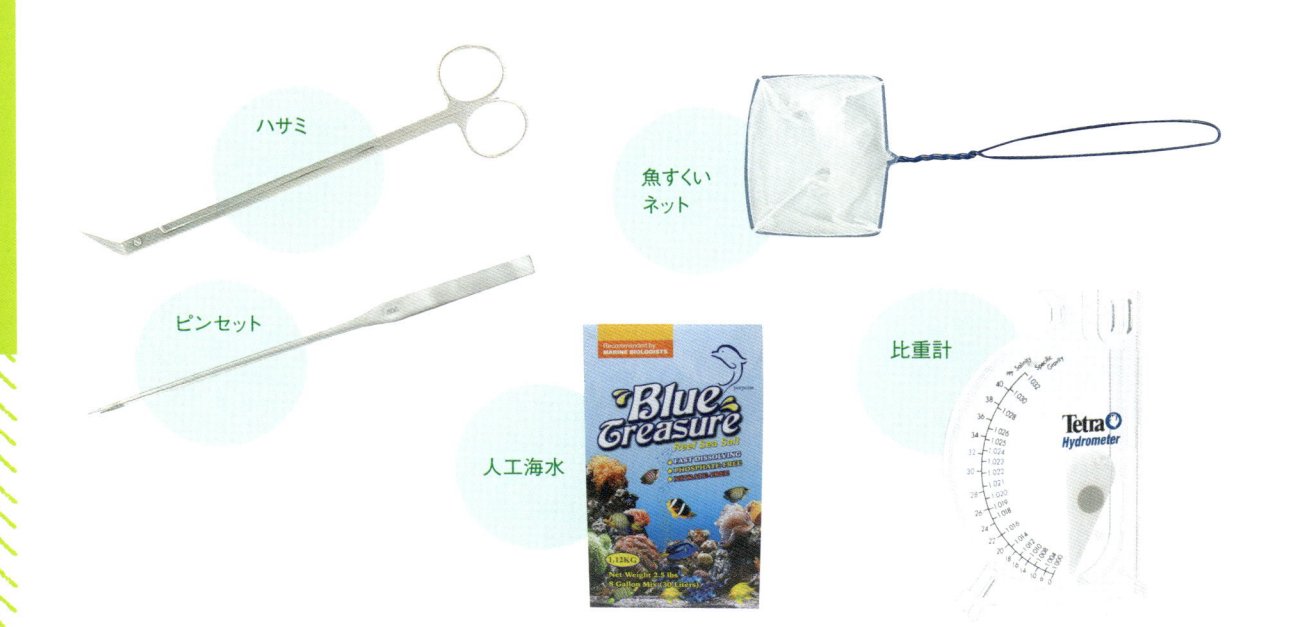

また、水温が高くなるほど水質が悪化しやすくなるというデメリットもあるので、夏場の水温次第では水槽用のクーラーや冷却ファンを用いるようにしましょう。水槽本数が多い場合は、部屋ごとエアコンで冷却（冬場は暖房）するという方法もあります。

■ ハサミ

　枯れたり伸びすぎたりした水草の葉、根っこを、カットするときなどに使います。錆びに強く、水草をトリミングしやすいデザインのアクアリウム専用のものがおすすめです。

■ ピンセット

　水草を植えるときなどに使います。様々なサイズが揃っているので、水槽の大きさ（高さ）に応じて選ぶとよいでしょう。

■ 魚すくいネット

　魚を移動させるときに必要です。小さな魚をすくう場合は、網目が粗いと体表を傷つけることがあるので、目の細かいものが適します。レッドビーシュリンプのような小さなエビに対しては、ネット部分が小さく柄が長い、専用の商品も販売されています。

■ 人工海水

　淡水に暮らす熱帯魚では必要ありませんが、塩分の混じった汽水に生息する種（フグ、ハゼなど）の飼育時に必要です。汽水魚飼育の塩分濃度は、海水（比重1.022～1.024）の1/5～1/2程度が一般的です。商品の説明書では海水を作る場合の使用量が明記されているので、その1/5～1/2の量を水に溶かせば汽水を作ることができます。

■ 比重計

　海水の比重を計測するためのもので、汽水の計測に

も使用できます。人工海水の商品によっても異なりますが、水に入れてから完全に溶解するまでは時間がかかるので、すぐに計測するのは避けたほうが無難です。塩分が入った水は、蒸発するにつれ水中の塩分濃度が高まっていくので、こまめに水足ししましょう。

■ **スコップ**

アクアリウムにおいて、底砂をすくったり、底砂の表面をならしたりする際に使用するためのスコップ。適度な大きさのスリットが入っているため、水中の底砂をすくうと水が切れて、底砂だけを残すことができます。

■ **水換えホース**

サイフォンの原理によって、水槽の水を排水できるホースです。水位が低いとサイフォンの原理が働かないことがあり、その場合は水中ポンプで強制的に水を汲み出します。

水槽が小さな場合は、ホースを使うと水が一気に出すぎることがあるので、プラケースやコップなどで汲み出すとよいでしょう。

■ **バケツ**

水換え時に必要です。排水を入れるものと、新しい水を入れるものとの2つを用意しておくと便利です。魚を一時的にキープするのにも使えます。

■ **タオル**

こぼれた水は、すぐにふきましょう。特にフローリングでは濡れるとすべりやすくなり、水の入った重いバケツを運ぶ際などに危険です。

■ **コケ取りグッズ**

ウールやクロス、スクレーパーなど、いくつかのタイプがあります。商品によってはアクリルを傷つけてしまうため、アクリル水槽を使っている場合は、購入前に確認しておきましょう。

水景を演出するレイアウト素材

自然らしい雰囲気や華やかな水景を演出するのに欠かせないのが、各種のレイアウト素材です。底砂は水草を植える際には必要ですし、石や流木には魚の隠れ家や産卵床になるというメリットもあります

■ 底砂

熱帯魚の飼育に使用されるのは、大磯砂や硅砂、細かい自然砂、ソイル系などが一般的です。種類（商品）によって粒の大きさや色などに違いがあるので、好みで選べばよいでしょう。ただし色が明るすぎると、魚の体色が薄れてしまうこともあります。また、ローチ類のように砂に潜る習性の魚や、コリドラスや一部のシクリッドのように砂内を掘って餌を探して食べるような魚には、粒の細かい砂を選ぶことも大切です。

底砂は、ろ材のようにろ過バクテリアの住み家にもなるため、敷いた方が水質が安定しやすいというメリットもあります。ただし必須というわけではなく、よく食べる大型魚やディスカスのようにまめな掃除が必要な魚には、メンテナンスのしやすさを優先して敷かないことが多いです。

・大磯砂
黒みがかった海産の砂です。細かい貝殻が混じっているものは、水のpHを上昇させることがあります

・硅砂
淡いベージュ色をした砂です。大磯砂と同じく、細かい貝殻が混じっていることもあります

■ レイアウトグッズ

・バックスクリーン
水槽後面に貼り付けるスクリーンで、水槽の印象を大きく左右します。黒や青、緑など単色のもの、水草レイアウトや水中の写真をプリントしたものなど、様々なデザインが揃っています。

水槽の外のみに貼れるもの、両側に貼れるものがあり、いずれも水槽に注水する前に貼っておきます。

・人工水草
様々なデザインのものが揃っています。中には、パッと見では本物と見間違うようなものも見られます。枯れることなく手入れが楽なのはもちろん、本物の水草では枯れてしまう汽水水槽でも使えるのもメリットです。

・細かい自然砂

川や田んぼで採取された砂です。粒が非常に細かく、水質にはさほど影響を与えません。コリドラスやローチには、このような細かい砂が適します

・ソイル系

砂ではなく土を焼いて固めたもので、指で押しつぶせるほど柔らかいです。砂類に比べ水草が生長しやすいため、本格的な水草レイアウト水槽ではソイル系の使用が一般的です。商品の多くは水質を酸性寄りに傾け、また水草用肥料が含まれているものもあります

・サンゴ砂

サンゴを細かくしたもので、汽水魚飼育の底砂に適します。粒のサイズは、パウダー状の細かいものから小豆大のものまで様々です。淡水魚の水槽では、粒が大きいものをろ材として適量使用するぶんにはかまいませんが、底砂には向きません

・流木

形状や大きさが様々なだけでなく、薄い茶色や濃い茶色、赤みや黒みが強いものなど、色みにも違いがあります。また表面の質感も、すべすべもしくはザラザラと異なるので、自分好みのものを探すのも楽しいでしょう。魚種によっては隠れ家や餌（プレコ、オトシンクルスなど）、産卵床（小型シクリッドなど）にもします。

たいていの流木は、水に浸けてしばらく経たないと沈みません。短期間で沈ませたい場合は、流木用のアク抜き剤を使ったり、鍋で煮込むという方法があります。また、アク抜き済みで、すぐに沈むものが売られていることもあります。

・石

色や形状、質感は様々で、石を置くだけで水景がグッと締まって見えるようになります。ただし石によっては、水の硬度を上昇させ、弱酸性の水を好む魚には適さないものがあります。石を積み上げてレイアウトする場合は、崩れないよう気をつけましょう。

流木と同じく魚の隠れ家になるだけでなく、シクリッドやハゼなどの一部には、石の表面やすき間に産卵する種もいます。

適正な環境を作ろう！
きれいな水を作る仕組みと水の性質

魚は水中で暮らしています。そのため魚にとっての水とは、人間など陸上で暮らす生き物にとっての空気と同じような大切な存在です。魚が快適に暮らせるきれいな水を作るための仕組みと、水の性質について解説しましょう

● 水をきれいにするのはろ過バクテリア

16ページ「フィルター」の解説文でも触れましたが、きれいな水を作るためには、ろ過バクテリア（亜硝酸菌・硝酸菌などの総称）の存在が欠かせません。そこでイラストにて、ろ過バクテリアが水質を浄化する流れを追ってみました。簡単に言えば、生物にとって有害な物質を安全な物質へと変化させ、水をきれいに保ってくれるというものです。ろ過バクテリアは水槽を立ち上げて数日もすると自然にわいてきますが、各メーカーより販売されているろ過バクテリア商品を使うと、より早く水質を安定させることもできます。

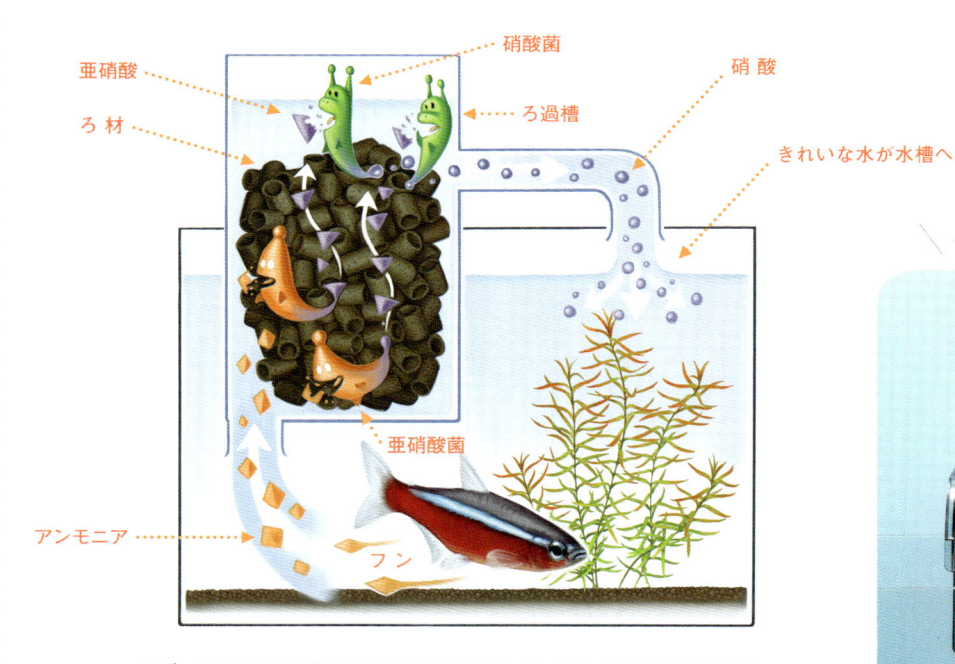

まず、魚のフンや残餌から生じる有害なアンモニアを、亜硝酸菌が亜硝酸へと変化させます。この亜硝酸を、硝酸菌が硝酸へと変化させます。硝酸は魚に対して害が少ないのですが、さすがに溜まりすぎるとよくありません。そこで水換えによって、水槽から取り出す必要があるのです。

ろ材も大切な存在

ろ過バクテリアは、フィルターろ過槽内のろ材（写真は外掛け式の専用バッグ）を中心に、底砂や水中にも存在します

水質について知ろう　〜pHと硬度〜

　熱帯魚のためには、ろ過バクテリアが作ってくれるきれいな水を用意するだけでなく、その魚に適した水質を整えることも心がけましょう。そこで、アクアリウムを楽しむ上でぜひ身につけておきたい、「pH（ペーハーあるいはピー・エイチと読む）」と「硬度」について解説します。

■ pH

　その水が、酸性寄りかアルカリ性寄りかを示す単位です。アクアリウム界では酸性〜アルカリ性の区分について、pHの数値によっておおよそ次のように表現しています。

- pH4.5〜6.0程度 → 酸性
- pH6.0〜6.5程度 → 弱酸性
- pH7.0前後 → 中性
- pH7.5〜8.0程度 → 弱アルカリ性

　日本の多くの地域の水道水は、pH7程度の中性付近です。たいていの熱帯魚は中性の近辺（pH6.5〜7.2程度）で飼うことができるのですが、熱帯魚の生息域の水質は、土壌などから溶け込む成分の影響で、場所によってpH5〜8程度まで様々です。そのため飼育水を、その魚の自生地の水質になるべく近づけるよう、心がけてあげましょう。そうすることで、体調がよくなり長生きしてくれるだけでなく、体色が揚がる、成長が速くなる、繁殖するなどの効果も見られます。46ページからのカタログでは、その魚を飼育する際に適した水質についても触れているので、ぜひ参考にしてください。

■ 硬　度

　その水の硬さを示す単位で、ミネラル分などが水に溶け込んでいる量を表し、少なければ軟水、多ければ硬水となります。魚を飼う上では、pHと硬度はほぼ連動していると考えて問題ありません。具体的には、「硬度の高い水はpHも高い」、「硬度の低い水はpHも低い」のが一般的です。市販の水質調整剤も、ひとつの商品でpHと硬度を共に上げる、もしくは下げるという効果があります。

　なお硬度を詳しく分けると、「総硬度（GH）」と「炭酸塩硬度（KH）」とがあるのですが、まずはそれらを総称して「硬度」と捉えておきましょう。

小型コイ科の仲間には、弱酸性を保つと色みが揚がるものも多いです。写真のボララス・ウロフタルモイデスもそのひとつ

■ 最後に

　自然下での水質は、季節や天候、水の増減などで多少は変化するので、魚にもそれに対しての順応性はあります。そのため飼育時にも、水質が少し変化する程度では問題ないことがほとんどです（急変は、よくありません）。そのため数値を気にしすぎる必要はないのですが、飼育魚に対して適正な水をキープしてあげられるような心がけは大切です。

汽水魚（写真はハチノジフグ）と淡水魚とでは、適正な水質が違いすぎるため混泳は不可

丈夫な小型美魚がにぎやかに泳ぐ
混泳水槽のセッティング手順

魚を中心とした混泳水槽(コミュニティタンク)のセッティング手順を追ってみましょう。魚を上手に飼うためには、水槽セットを正しく行なう必要があります。とはいっても、決して難しいものではなく、ここで紹介する基本をしっかり押さえておけば安心です

用意したもの

水 槽
縁なしオールガラスの 60×30×40(高) cm。普通の 60cm レギュラー水槽よりも高さがあり、水量にも余裕がある背高タイプ

フタ
ガラス製のフタと、取り付けるためのフック。魚の飛び出しや水の飛散を防ぐのに欠かせない

水槽台
水槽は水を入れると意外と重くなるので、必ず水槽専用の台を使おう

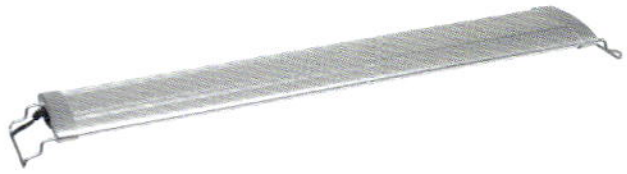

ライト
照明には、省電力で寿命が長い「テトラ LED ライト 60」を使用。スポット状の光により、水が揺らぐ様を再現できる

フィルター
外部式フィルターの「バリューエックス パワーフィルター 75」。水槽の容量がやや大きめなので、フィルターもそれに合ったものが安心できる

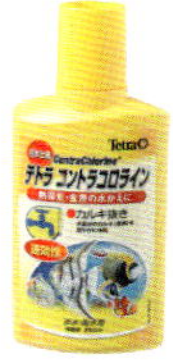

塩素中和剤
水道水中の有害な塩素を中和する「テトラ コントラコロライン」。中和剤は水槽セットや水換え時に必須

水質調整剤
水道水に含まれる重金属の無害化や、魚の粘膜を保護する「テトラ アクアセイフ」。水槽セット時や魚の導入時に有効

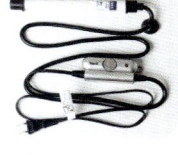

ヒーター
水温調節可能で、サーモスタット一体型の「テトラ IC サーモヒーター 200W」。水槽の容量に合わせ、大きめのワット数を選んだ

水温計
正しい水温を測るために必須

底 砂
入手が容易で、オーソドックスな大磯砂をチョイス

人工水草
水景を手軽に彩ってくれる人工水草

流 木
水槽内にそのまま置くだけでなく、水草を活着させることもできる

ウイローモス付き流木
初めから水草(写真はウイローモス)を活着済みの流木。ミクロソリウム類やアヌビアス類を活着させたものも多い

アヌビアス・ナナ
丸い葉を付ける丈夫な水草

アヌビアス・"プチナナ"
アヌビアス・ナナを 2 回りほど小さくしたような水草

ミクロソリウム
細長い葉を出すシダの仲間

この水槽例で目指したのは、バラエティ豊かな熱帯魚たちがのびのびと泳ぐ「混泳水槽(コミュニティタンク)」です。ひとくちに熱帯魚と言っても、姿形、色、行動など多種多様ですが、それらをひとまとめに楽しんでみようという混泳水槽は、アクアリウムの基本かつ王道とも言えるでしょう。そのための水槽は、幅 60cm のものを選びました。水量にそれなりに余裕があるため、より多く多彩な魚を飼うことができるのです。

ただし混泳水槽を作る前には、飼いたい魚同士の組み合わせは問題ないか、それぞれの最大全長や餌は何かなど、必要な情報は調べておきましょう。

水槽と外部式フィルターほかがセットされた「バリューエックス パワーフィルターセット GA-60VX」を使用しました。ヒーターなど周辺器具を追加しました。こうしたお得なセット水槽をうまく活用しましょう

● まずは水槽をセットしよう　水槽の配置から周辺器具の取り付け、完成までを追って解説します

■ 水槽を置く

スマートフォンの水平器アプリで、置き場に傾きがないかチェックしました。水槽は必ず水平な場所に置かないと、水漏れや転倒などにつながり危険なのです

オールガラスタイプの水槽を置くときは、底面に付属のマットを敷きます。じかに置くと、底面ガラスが割れることもあるので注意しましょう

水槽底面とマットの間にゴミをかまないよう確認してから、水槽を置きます。水槽は、サッと水洗いしてホコリなどを落としておくとよいでしょう

■ 底砂を敷く

ここで使用している大磯砂や硅砂のような天然由来の砂は、濁りが出なくなるまでしっかり洗ってから使います。この手間を省くと、水槽の水がいつまで経っても濁っていることがあります

スコップなどを使って、大磯砂を敷きます。今回は水草を多く植えないので、薄め（厚さ2～3cm）にしました。ドサッと上から落とすと底面ガラスが傷つくこともあるので、少しずつゆっくり足していきます

27

■ フィルターをセット

外部式フィルターを、説明書にしたがって取り付けます。吸水口が底砂に近すぎると砂を吸い込むことがあるので、やや離しました。排水側のシャワーパイプは水面近くにくるよう取り付けると、ほどよく水面が揺れて酸素の補給にもなります

シャワーパイプを水上に出すと、落下した水が空気をまき込みエアレーション効果があります。魚の数が多い場合や、溶存酸素が豊富な水を好む魚（コリドラス、プレコなど）の飼育時に適する方法です

■ ヒーターをセット

底砂から少し離れた場所に、ヒーターを横向きに取り付けます。効率よく保温できるよう、水のよどまない場所を選びましょう。ヒーターを底砂の中に埋めるのは、水温調整がうまくいかないため避けます。この時点では、電源は入れません

外部式フィルターの注意

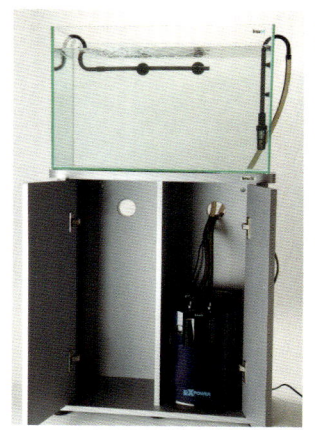

一般的な外部式フィルターは、水槽の下にセットして使います。ただし、ポンプが水を持ち上げるパワーには限界があるので、ポンプ部分と水面との距離を、必ず説明書にある範囲内に収めることが大切です。なお商品によっては、水槽内に取り付ける水中ポンプによって水を循環させる機種もあり、そのようなものは水槽の横に置いて使用できます

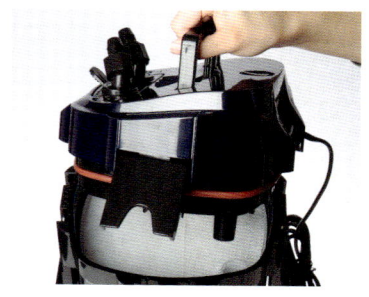

■ 水を半分ほど入れる

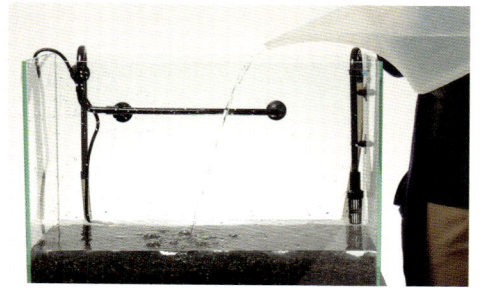

後にレイアウトがしやすいよう、水を水槽の半分程度まで入れます。底砂がえぐれないよう、そっと水を注ぎましょう

上部には水を汲み上げるモーターヘッド（ポンプ）、下部にはろ過槽があるのが一般的です

■ 水草の下処理＆準備

海外から輸入される水草は、検疫のために殺虫剤が使われていることがあります。これが水中に溶け出すと、魚やエビに悪影響が出てしまいます。特にエビなどの無脊椎動物はショック死することもあるので、念のため自分で対策するか、薬の抜けた水草を購入する（ショップへ確認しておく）と安心です

1. 水草が入っているポットを外し、巻かれているウールをピンセットでていねいに取り除きます

2. 水を張った容器に「水草その前に（AIネット）」を入れて、よく混ぜます。この商品は、水草に付着している農薬や付着生物（プラナリアなど）を除去する効果があるというものです

3. 説明書にしたがい、10分ほど水草を浸し、その後きれいな水ですすぎます。これで、付着している薬剤や菌類が除去できたことでしょう

4. アヌビアス・ナナは、ビニタイを巻き付けて流木に固定し、レイアウトに使います。1ヵ月もすれば根が伸びて、流木にしっかり活着してくれます

■ 流木などで飾り付け

まずは比較的背の高い、水草や流木などを置いていきます。ミクロソリウムと"プチナナ"は、活着させず、底砂に植え込みました。レイアウトは、基本的には自分の好きなようにやるのがいちばん。気に入るまで、じっくり試行錯誤してみましょう

ひとまずレイアウト完成

人工水草を流木の周辺に配置し、それを両サイドに分けてレイアウトしました。メリハリを付けるため、中央には空間を設けています。ヒーターなどはなるべく隠すようにすると、見栄えがよくなります

■ 塩素を中和する

水道水に含まれている塩素は、人間には影響なくても、魚などの生物にはダメージを与えます。塩素中和剤や水槽用浄水器などを使って、塩素を無害化しておきましょう

■ さらに安全な水に

水槽に入れたばかりの魚は、移動や環境の変化などでストレスを受けています。粘膜保護に効果のある水質調整剤を入れることで、こうしたストレスを減らすことができます

■ ゴミをすくう

ひととおりセットが終わったら、浮いているゴミをネットですくっておきましょう。水草の葉や流木の欠片などが、意外と散っているものです

■ フィルターに呼び水をする

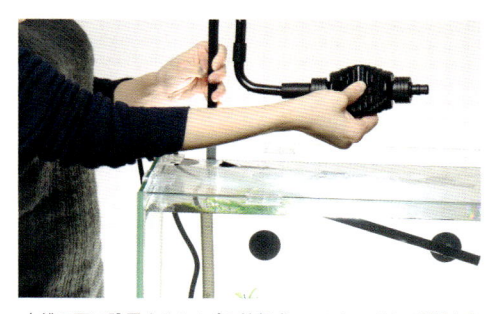

水槽の下に設置するタイプの外部式フィルターでは、電源を入れる前に、フィルター内に水槽の水を呼び水する必要があります。専用の呼び水ポンプの使用が便利です

■ フタは忘れずに

水槽のフタには、飛び出し防止、水槽の保温性を高める、地震の際に水のこぼれを防ぐ、水中へのライトの落下やゴミの侵入を防ぐ、などの効果があります

■ ライトを設置

LEDライトを、光が水草にしっかり当たる位置にセットします。電気器具なので、必ず水槽のフタが閉まっているかを確認し、水しぶきがかからないようにしましょう

■ 電源を入れる

完全に器具類のセッティングが終わったら、フィルターやヒーターの電源を入れます

水槽セット完了！

電気の扱いには要注意！

　アクアリウムでは、どうしても水槽（水）の周囲で電気器具を使うことが多いため、トラッキング現象（コンセントにたまったホコリが湿気を呼び、発火する現象）などの危険があります。そのため、電気器具の扱いには特に気をつけたいものです。

　電源はなるべく水槽より上にあるのがベストですが、それが難しい場合は、コードをいったんたるませてトラップを作っておくと、水滴がコンセントに侵入するのを防ぐことができます。

　さらに、日頃から水しぶきが飛び散らないよう注意し、時おりコンセントについたホコリを拭き取るなど、安全なアクアライフを楽しみましょう

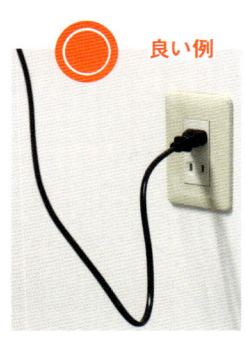

良い例
コードをたるませることで、伝った水が直接コンセントに届かなくなる

悪い例
器具からコンセントまでコードが真っ直ぐ。これは危険なので避けること

■ 水槽セット直後は不安定

　水槽の立ち上げが済んだら、次の点についてチェックしましょう。

・フィルターはきちんと動いているか
・水がこぼれていないか
・ヒーターは設定どおりに水を温めているか
・器具類から異音などが出ていないか

　外部式フィルターなどはホースやフタなどの取り付けが甘いと、じわじわと水が漏れてくることがあるので、最初の数日はチェックが欠かせません。

　水槽をセットしてからしばらくは、水質が整っていないことも覚えておきましょう。水槽が用意できればすぐに魚を入れたくなるものですが、セット初期は水をきれいにしてくれるろ過バクテリアが少ないため、水質が悪化しやすいのです。市販のバクテリア剤を用いることでろ過バクテリアの定着を早めることができますが、いずれにせよ最初の1ヵ月くらいは様子を見ながら、少しずつ魚を増やしていくのがおすすめです。

　アクアリウムとはこれから長い付き合いになるのですから、大切な魚のためにも自分のためにも、無理に急ぐのは避けるようにしましょう。

● 魚たちをお出迎え！

フィルターを回してから1週間ほど経ったら、いよいよセットした水槽に魚を迎え入れます。このときに手間をかけるかどうかで、後の健康状態がガラッと変わってきます。水合わせの方法については、次ページのコラムも参考にしてください

■ 水合わせは大切です

自宅の水槽と、それまで魚がいたショップの水槽では、水温や水質が異なっています。その差をなるべくなくして、魚が水質変化によって受けるショックをやわらげるのが、「水合わせ」という作業です

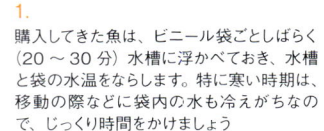

1.
購入してきた魚は、ビニール袋ごとしばらく（20〜30分）水槽に浮かべておき、水槽と袋の水温をならします。特に寒い時期は、移動の際などに袋内の水も冷えがちなので、じっくり時間をかけましょう

2.
水温が合ったところで、魚の入っている水を半分ほど捨てます

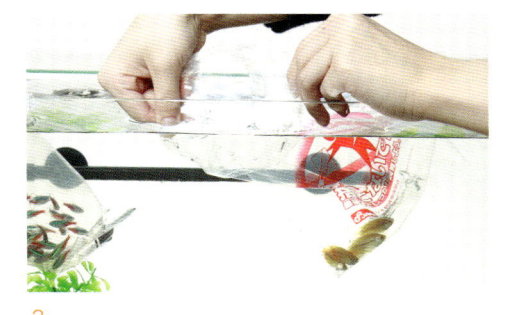

3.
水槽の水を、袋内へ少しずつ入れていきます。袋内の水と水槽の水をブレンドすることで、魚を水槽の水質へならすというわけです

4.
水を捨てる1と水をブレンドする2の作業を数回くり返すと、水質の差はほとんどなくなるので、魚を水槽に放すことができます。なお、魚が飛び出すのは水槽へ入れた初日が多いので、翌日までは特に注意しましょう

5.
袋内の水は捨てます。万が一の病気の感染などを防ぐために、元から袋内にあった水は水槽へ入れないほうがよいでしょう

1回目の魚の導入＝丈夫な魚とメンテナンスフィッシュ

水槽をセットしてから 5 〜 7 日もすると、水が落ち着き、濁りが消えてくることが多いです。この水槽でもそのようになるのを待ってから、最初の魚たちを入れました。まずはネオンテトラなど丈夫な種類やメンテナンスフィッシュ（コケなどを食べてくれる魚）を、少なめに泳がせます。

2回目の魚の導入＝にぎやかさを増した水槽

さらに 1 週間後、モーリーやプラティなどきれいで丈夫な小型魚を 4 種追加しました。また、ヒメツメガエルという水中棲の小型カエルも導入。こうした変わり者を入れると、いいアクセントになって水槽がより楽しさを増します。

＼ 餌をあげてみよう ／

魚への給餌は、水槽へ入れた当日は避け（魚が疲れていることも多いため）、翌日からスタートするのがおすすめです。後から魚を追加した場合は、やはりその日の給餌は避け、翌日から与えましょう。この水槽のように色々な小型魚がいる場合は、それぞれがかじり取って食べることのできるフレークフードが重宝します。

より慎重な水合わせ

　左ページでの水合わせ法はオーソドックスなやり方ですが、場合によっては、より慎重にしたほうがよいこともあります。
　たとえば、
・水質悪化に対して敏感な魚（ディスカス、淡水エイなど）やレッドビーのような小型エビ
・袋の水と水槽とで水質の違いが大きい
・魚にあまり元気がない
などの場合が挙げられます。おおむね小さな魚ほど体力がなく、環境の変化にもショックを受けやすいので、導入時には気を遣ってあげたいものです。
　こうした場合におすすめなのが、点滴法などと呼ばれる水合わせ法です。魚がいるケースやバケツへ、エアチューブを使い、サイフォンの原理でポタポタと垂れるくらいの勢いで水を落下させるのです。それにより、水質変化をなるべく抑え、より安全に魚を導入できるというわけです。

エアチューブの先端に、重しを兼ねてエアストーンを取り付け、途中のコックで水が出る量を調節する

水槽の水を、ゆっくりと落下させる（モデルのクラウンローチは、本来は丈夫な魚です）

3回目の魚の導入＝色々な魚を少しずつ追加

飼育魚

1回目＝ネオンテトラ(30匹)、ゴールデンハニードワーフグーラミィ(5匹)、バルーンゴールデンアルジイーター(2匹)、ヤマトヌマエビ(10匹)、石巻貝(10匹)

2回目＝ダルメシアンモーリー(1ペア)、プラティ(20匹)、トランスルーセントグラスキャット(5匹)、ヒメツメガエル(4匹)

3回目＝ブラックネオンテトラ(3匹)、ドワーフペンシルフィッシュ(3匹)、プラチナフレームテトラ(3匹)、マーブルハチェット(3匹)、ジャパンレッドラム(1ペア)、クラウンローチ(1匹)、クーリーローチ(3匹)、コリドラス・アエネウス(10匹)

2回目の導入からさらに10日後、8種の魚を一気に導入。魚が多くなったので、酸欠防止のためエアレーションを施しました。上層を泳ぐハチェットやペンシルフィッシュ、底モノのコリドラスなど、様々なキャラの魚をチョイスし、かなりにぎやかな光景です

■ だんだん魚が増える楽しみ

　水槽にはそれぞれの水量に見合った魚の量がありますが、ここで用いている60cm水槽（背高タイプ）は約70ℓほどの水量があるので、かなり余裕をもって魚を追加することができました。最終的には、17種・92匹の魚（カエル、エビ、貝は除く）が泳ぐバラエティ豊かな水槽となっています。色々な魚が個性を見せてくれる混泳水槽は、眺めていて飽きることがありません。

　魚は水量が多いほど飼いやすい（水が汚れにくい）ので、これから熱帯魚を始めようという方は、なるべくサイズに余裕のある水槽を選ぶことをおすすめします。魚の選択の幅も広がり、ステップアップしていく楽しみも味わえます。

華やかなコミュニティタンクは、アクアリウムの王道とも言えるでしょう

● この水槽の住居者たち

・ダルメシアンモーリー
モーリーの仲間の中でも、温和で飼いやすいです

・ジャパンレッドラム
小型シクリッド、ラミレジィの改良品種。
夫婦仲もよいので、いずれは繁殖も？

・ブラックネオンテトラ
あまり目立ちませんが、シックな姿が水槽内の
ワンポイントに

・プラチナフレームテトラ
ボディ前半のメタリックと、後半の赤みが
美しい小型テトラ

・クーリーローチ
ドジョウの仲間。普段は水草の繁みに隠れ、
餌のときだけ顔を出します

・バルーンゴールデンアルジイーター
コケを食べる魚として知られるアルジイーターの、
改良品種

・ヤマトヌマエビ
コケ取り役のエビとしては、最もポピュラーな
存在です

・石巻貝
巻き貝のポピュラー種で、壁面のコケなどを
よく食べます

・ヒメツメガエル
ほぼ水底で活動する小さなカエル。温和なので熱帯
魚とも飼えますが、すぐ脱走するのでフタは必須

35

魚にとって心地よい環境を維持しよう
日頃のメンテナンス

きれいな水を維持するためには、フィルターに任せきりではなく、人間が手を入れる必要があります。そこで、水換えやコケ取り、フィルター掃除など、日頃のメンテナンスとして必要なことをまとめてみました

● 水質チェック
水質は日々変化していきます。各種の水質検査キットを使って、定期的に測るようにしましょう

水質チェックには、おおまかに次のふたつの目的があります。
① pH、硬度などのチェック
② アンモニアや亜硝酸など魚に有害な物質の溜まり具合のチェック

pH、硬度について数値が適正でない場合は、水換えや市販のpH調整剤などで調整します。pHは飼育当初は問題なくても、水が汚れ、ろ過バクテリアによる生物ろ過が進むにつれて、数値が下がってくるものです。しかし、あまりに下がると魚に負担になってしまうので、pHの数値が飼育当初から1.0以上も下がる前に水換えするとよいでしょう。

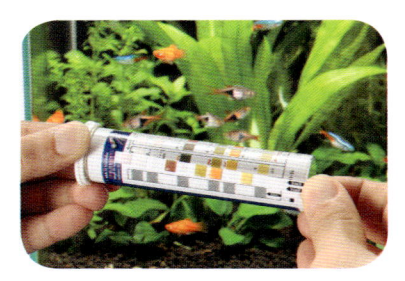

アンモニアや亜硝酸の数値が適正でなかった場合は、早めに水換えしましょう。水槽セット初期はろ過バクテリアが少ないので、それらの数値が高いのは普通です。しかし水槽をセットしてしばらく（1ヵ月程度）経っても高すぎる場合には、「水換えをさぼっていて溜まってきた」、「餌やフンが多すぎて、ろ過バクテリアの働きが足りていない（ろ過能力が低い）」などの理由が考えられます。

市販の水質検査キットを使うと、水質の具体的な状況がわかります。定期的にチェックすることで、pHの下がり具合やアンモニア・亜硝酸などの溜まり具合を把握できるようになります。それによって、適正な水換えペースを掴むこともできるのです。

■ 水質検査グッズの各タイプ

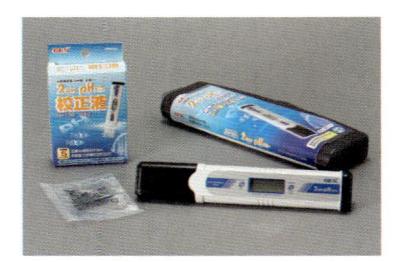

他に比べやや高価だが、正確な数値が測りやすい、デジタル式のpHメーター。写真は「2'WAY pHテスター／ジェックス」

試薬の塗られた紙を飼育水に浸し、その色の変化から水質を読み取る試験紙タイプ。写真「テトラ テスト6 in 1／テトラ ジャパン」のように、複数の項目（水質）を同時に測定できるものもあって便利

飼育水に専用の試薬を入れ、色の変化によって測定する液体タイプ。変化した試験液の色を、比色紙と見比べて測定する。写真は「テトラ ウォーターテストセット プラス／テトラ ジャパン」

● 水換え

水槽の水は、餌の食べ残しやフンなどによって、少しずつ汚れていきます。水換えには、そうしたゴミ・汚れを吸い出すだけでなく、水槽内に溜まった目に見えない有害物質をを排出するという役割もあります

　飼育水は見た目には汚れていないようでも、時間が経つにつれて、目に見えない有害な物質（水質検査キットで測定可能）が溜まっていきます。それを元のきれいな水に戻すのが、水換えです

　水換えは、水の悪化が目に見えてわかる（症状は後述）ようになったり、水質チェックしてから悪化に気づくよりも前に、少量ずつ決まったペースで行なうのが安全です。たとえば、週に1回1/5～1/3、またはバケツ1杯分だけ換える、といったやり方です。肝心なのは、全てを換えないということ。大量の換水は水質の急変を招き、その結果、ろ過バクテリアや魚にダメージを与えてしまうことがあるからです。また同じ理由で、ろ材の掃除と同時に行なうのも避けましょう。

　飼育水に溜まった汚れは、次のような症状にもなって現れます。

・水面の泡がなかなか消えない
・水が黄ばんでいる
・普段は元気な魚が怯えて出てこない
・餌への食いつきが悪い、あまり食べない
・水草がしおれたようになり枯れる

　こうした現象が見られたら、ひとまず水換えすることをおすすめします。

● 水換えの手順

＼水換えは手順を守ってていねいに／

1. 電源を抜く
水換えの前は、すべての電源を抜いておきます。水位が下がった際にモーターが水から出ると危険ですし、フィルターが空回りしてモーターに負担がかかるためです

2. 水槽の汚れを取る
スポンジなどで壁面を軽くこすって、汚れを落とします。コケが付いていなくても、ヌメリを取っておくだけで、その後にずいぶんと違いが出てきます

3. 水を吸い出す
水換えホースを使って水を抜きます。水を抜くのに夢中になって、バケツを溢れさせないよう注意。念のため、タオルか新聞紙をバケツの下に敷いておくとよいでしょう

4. 底砂の汚れも
底砂にゴミや汚れが溜まった場合は、底砂クリーナー（プロホース／水作など）を使うと、砂中の汚れだけを吸い出すことができます

5. 水温チェック
新しく入れる水を用意します。バケツに水を入れて水温をチェックし、水槽の水と合っていない場合はお湯を入れるなどして調整しましょう

6. 塩素を中和する
新しい水も、必ず水道水の塩素を中和しておきます。急いで水換えしているときには、つい忘れがちなので注意しましょう

7. もうひと気遣い
水槽を立ち上げて日が浅い場合は、新しい水に粘膜保護剤を入れると、魚のストレスを減らすことができます

8. 水槽にそっと注ぐ
用意できた水を、水槽に優しく注ぎましょう。乱暴に注ぐと、底砂が掘られて濁りが出たり、魚が暴れて傷つくことがあります。

● コケの種類と除去方法

水槽をしばらくキープしていると、どうしてもコケが発生しがちです。放っておくと見栄えが悪くなるので、こまめに除去するようにしましょう

　水槽を維持していると、水草やガラス面、流木、石などにコケ（藻類）が発生してきます。コケは水草と同じく、光や水中の窒素などを元にして生長します。魚に害はないものの水槽が見苦しくなるので、発生したら取り除きたいものです。コケは、自分の手で、もしくはコケ取り生物に食べてもらうことで掃除します。コケ取り生物は、他の飼育魚との混泳バランスを考慮した上で、導入するとよいでしょう。

　人力でコケを取る場合は、専用のスクレーパーやスポンジなどで落としたり、糸状のものはピンセットや手でつまみ出すのが基本的なやり方です。このときコケを散らすとまた発生しやすいので、水換えも同時に行ない、水槽の外へ吸い出します。

　他には、市販のコケ抑制剤を利用するのも方法です。ただし、商品によっては水草の生長を阻害することもあるので、購入前に確認しておきましょう。

コケ抑制剤に、各メーカーから販売されている。写真は「テトラ アルジミン／テトラ ジャパン」

■ アクアリウムで発生しやすいコケ

・茶ゴケ
水槽のセット初期に生えやすい。薄く、柔らかいので、スポンジやスクレーパーなどで簡単に除去できる。オトシンクルスやプレコ、イシマキガイなどが、よく食べてくれる

・緑藻、緑ゴケ
繊維〜糸状の緑色のコケを、まとめてこう呼ぶ。形状は様々で、水槽内では特に場所を限定せずに発生する。スポンジなどでぬぐい取ったり、割り箸に絡めて取り出す

・ヒゲ状ゴケ、黒ヒゲゴケ
水が古かったり、ろ材を長期間洗浄していない場合などに生えやすい。流れのある場所に付きやすく、強固。カッターの刃などでこそぎ落とす。流木やシャワーパイプなどに付いた場合は、水槽から取り出してこそぎ落とし、コケの駆除剤にあてる

・ラン藻、シアノバクテリア
やわらかく、ツンとした臭いがある。やや緑がかって見える。底砂の上などに一気に発生することがあり、駆除しにくい。水槽内に残さないよう、ホースで吸い出す

■ 自分で除去する場合

こそぎ落とす
壁面のコケは、スクレーパー、スポンジ、カッターの刃などで落とす

吸い出す
ラン藻はやわらかく崩れやすいので、少しも残さないよう用心しながら吸い出す

つまみ出す
繊維状のコケは、手でつまんだり、割り箸に絡めて取り出す

■ アクアリウムのコケ取り生物

コケを食べてくれる魚やエビ、貝類はいくつか存在しますが、ここでは流通量が多いポピュラー種を取り上げました。これらの生物はすべてのコケを食べてくれるわけではなく、得意分野があります。また完全に食べ尽くすとは限らないので、最終的には自分の手でコケ除去するのがおすすめです

・サイアミーズフライングフォックス
コイの仲間で、茶ゴケや緑藻、ヒゲ状ゴケなどを食べる。最大全長10cm。水槽内環境にもよるが、60cm水槽に5匹程度が適当

・ブラックモーリー
コケ取り役としてだけでなく、観賞目的としても人気のメダカ。ラン藻のほか、水面の油膜も食べてくれる。60cm水槽に5匹程度が適当。全長7cm

・オトシンネグロ
普通のオトシンクルスに比べ、体質が強健で、かつコケ取り能力も若干優れているような印象もある。60cm水槽に15～20匹が適当

・セルフィンプレコ
コケを食べる種が多いプレコ類の中でも、特にコケ取り能力が高く、茶ゴケは食べ尽くすほど。成長が速く、飼育下でも40cm以上に成長するので、大型魚との混泳に向く

・オトシンクルス
茶ゴケをよく食べてくれる。ただし、コケがなくなると痩せてしまうので、プレコ用フードや冷凍アカムシを与える。60cm水槽に15～20匹が適当

・ヤマトヌマエビ
コケ取り役のエビとして古くからおなじみで、茶ゴケや緑藻に有効。ただしエビ類は、魚に食べられてしまうこともあるので注意。60cm水槽に10～20匹が適当。全長4cm

・ミナミヌマエビ
全長2cmと、ヤマトヌマエビより小型。小型水槽でのコケ取り役として、全長2～3cm程度の小型魚と組み合わせるのに向く

・イシマキガイ
茶ゴケ、緑藻、ヒゲ状ゴケに有効。特に、ガラス面などの平面で活躍する。60cm水槽に5～10匹が適当

● ろ材・フィルターの掃除

フィルターやろ材は水をきれいにするものですが、放っておくと効果が落ちてきてしまいます。こまめに行なう必要はありませんが、2～3ヵ月に一度など定期的に掃除しましょう

■ ろ材の掃除

上部式フィルターのウールマットは、かなり汚れます。1週間に一度は洗い、1ヵ月に一度は交換するとよいでしょう。ウールマットには生物ろ過の働きもありますが、それよりもゴミ取り役と割りきって、水道水でジャバジャバ洗いましょう

上部式や外部式に使うろ材は、バケツなどに取り出して洗います。この時注意したいのは、必ず水槽の水を使うということ。水道水で洗うのは、せっかくのろ過バクテリアが消失してしまうので厳禁です

■ フィルターの掃除

底面式やスポンジフィルターのパイプ内の汚れは、見苦しいだけでなく、水の流れを妨げ、ろ過能力の低下にもつながります。汚れてきたら専用のブラシで磨きましょう

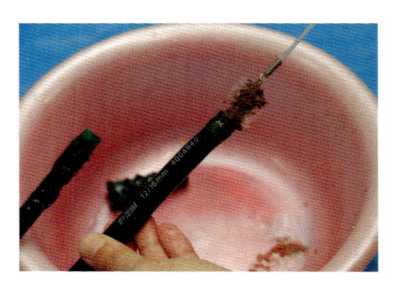

外部式フィルターのホース内の汚れは、専用のホースブラシで磨きます。意外とヌメリやコケが発生するので、半年に一度程度は行なうのがおすすめです

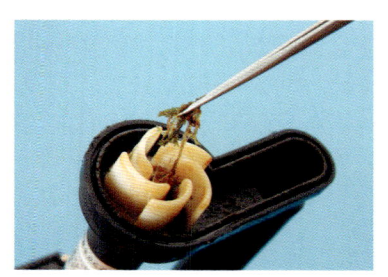

上部式フィルターのインペラ（水を呼ぶためのプロペラ状のパーツ）は枯れた水草などのゴミが絡みやすいので、カバーを外して汚れを除去します

ポンプ類の内部についた汚れは、ブラシでこすり落としましょう

外部式フィルターのモーターヘッドも、インペラやシャフトを取り外せるようになっています。流量が落ちたり異音がするときは、説明書にしたがって分解し、ブラシなどで掃除しましょう

■ エアポンプを長く使い続けるためのメンテナンス法

エアポンプは、酸素補給やエアリフト式フィルターの稼働に欠かせません。ただし24時間動き続けるものなので、ある程度時間が経つと劣化し、パワーが落ちてきます。こうしたときは、ユニット部を交換することでパワーが回復します。このことは意外と知られていないのですが、ショップでは交換ユニットが販売されているので、有効に使いこなしましょう

長期間使ったエアポンプ（テトラ エアーポンプ CX-60）と、専用の交換ユニット（別売）を用意しました。交換ユニットは高価なパーツではないので、常備しておくと安心です

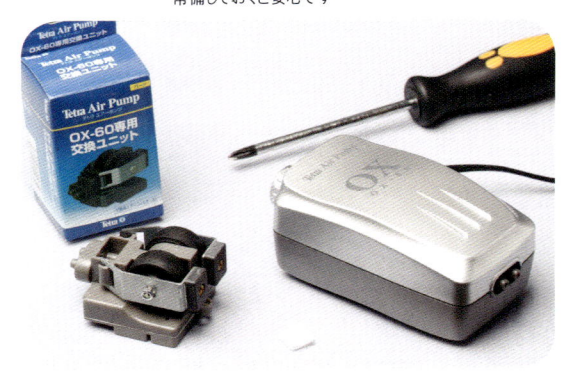

＼ パワーを回復させるまでの手順 ／

1.
エアポンプには、空気を取り入れる際にホコリをキャッチするためのエアフィルターが付いています。まずはゴミが詰まって真っ黒になったフィルターを取り外します

2.
空気の取り込み口に溜まったホコリも、爪楊枝や綿棒などできれいにしておきましょう

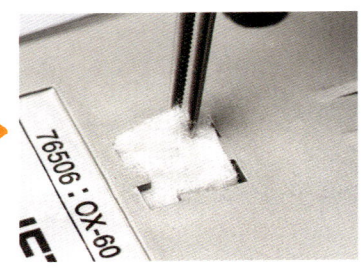

3.
新品のエアフィルターを、押し込んでセットします。軽度のパワーダウンなら、これだけで効果が見られることも多いです

4.
本体のカバーを開け、古いダイヤフラムを取り外します。内部にホコリが付いていたら、きれいにしておきましょう

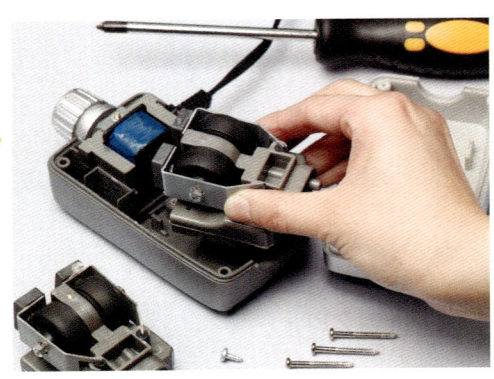

5.
最後に、新しいユニットを取り付け、カバーを戻せば終了です。ネジは流用するので、なくさないよう注意。エアポンプからの騒音がひどくなった場合も、ユニット交換は有効です

魚の健康は適切な食事から
熱帯魚に与える餌

餌は、魚のエネルギーとなり、体を作り、美しい色彩を生み出すためにも欠かせません。市販の餌には様々なものがあるので、飼育魚に応じて使い分けましょう。

健康な魚は、餌を与えるとすぐに集まって食べ始める。給餌は健康をチェックする機会でもあるので、餌への食いつき具合などをよく観察しよう

コリドラスやドジョウなどの底モノがいる水槽では、沈下性のタブレットフードが適する。泳ぎ回る魚も、くずれてきたタブレットを食べることがある

■ 給餌前の心がけ

　魚が餌を食べている様子を見るのは楽しいものですが、その際には体調チェックを行なうことも大切です。普段は隠れて出てこない魚でも、餌を与えれば顔を出します。痩せていないか、変な泳ぎ方をしていないか、餌への食いつき方が普段よりも鈍くないかなど、しっかり観察しましょう。

　熱帯魚の餌は、様々な素材を組み合わせて作られた人工飼料、天然素材を冷凍したり乾燥させたもの、生きた魚など、バリエーション豊富です。魚の多くは動物食なので、基本的には動物性の餌がメインですが、植物性の餌もあります。

　初心者にもおすすめしやすい小型魚の多くは、人工飼料で飼うことができます。ただし、魚の食性によって好みがあるので、自分の飼っている魚に適する餌を調べ、また栄養バランスのためにもできれば数種類を用意したいものです。

　人工飼料の給餌は、朝・夕（夜の場合はなるべく早めに）の２回、一度の量は数分で食べ尽くす程度が目安です。小魚などの生き餌も１日２回が適当ですが、与えると瞬時に捕食することが多いため、特に「数分で食べ尽くす程度」とは言えません。そこで、給餌前に比べてお腹が少しふっくらしてくる程度を与えるとよいでしょう。または、餌を１匹ずつ与えていき、食いつきが鈍くなってきたら「お腹一杯だ」と判断して切り上げるようにします。

　どのような餌を与えるにしても、餌やりが楽しいからと、たくさんあげすぎるのは厳禁です。これでは残り餌が出て水を悪くするので、はじめは少量ずつ与えて、適量をつかむようにします。また餌のあげすぎは、不健康な太りすぎにもつながってしまいます。

■ 人工飼料

　天然の素材を組み合わせ、栄養素を添加して配合された餌です。主食として与えるタイプ、植物質を多く含んだタイプ、コリドラス用やプレコ用、肉食魚用な

● 人工飼料の各タイプ

・粒状
粒のサイズは様々なので、魚の全長や魚の口の大きさに応じて選ぼう。浮上性や浮遊性がある

大型魚には、大きなペレットタイプが適する

・タブレットフード
コリドラス用やプレコ用、肉食魚用など、魚種に合わせて形状や原料を調整した専用品が多い

・小さな餌
特に口の小さな魚種や幼魚など、大きな餌を食べられない魚用の餌。細かめのフレーク（写真）や顆粒などがある

・フレークフード
薄いのでかじりやすく、多くの魚に与えることができる。特に、多数の小型魚がいる水槽に便利

どのように特定の魚向けに開発されたものなど、様々な種類が揃っています。ここでは、形状によってタイプ分けして説明します。

・フレークフード
　魚が食べやすいように開発された、紙のように薄いフレークタイプの飼料です。各メーカーから、栄養がバランスよく配合されたものが販売されています。フレークのサイズは様々で、たいていの小〜中型魚の主食として与えることができます。主食用の他には、植物質が多いものや色揚げ用に配合されたもの（補助食に使われることが多い）などもあります。

・粒状・ペレットタイプ
　配合した餌を、粒やスティック状に固めたものです。浮上性や沈下性、浮遊性のタイプがあります。また、粒の大きさによる小型魚用・大型魚用といったくくりだけでなく、アロワナなどの肉食魚用といったように、魚種の食性に応じて作られたものもあります。

・タブレットフード
　コリドラスやプレコなど主に底層で活動する魚のために作られた餌で、すぐに沈み、水分を吸って徐々にばらけていきます。混泳水槽では、底に棲む魚のためにこうした餌も与えましょう。

■ 人工飼料の保存方法
　開封後の人工飼料は、外気の湿度や温度などが原因で次第に劣化していきます。特に、水槽周りに置くと湿気や温度などで傷みが早いので、注意しましょう。劣化した餌を与えると魚の体調を崩し、病気を引き起こす可能性もあります。
　保存には、「冷蔵庫にしまう」、「シリカゲルなどの乾燥剤を使う」、「使うぶんだけ小分けにして、使わないぶんは冷暗所で保存する」などの方法があります。ただし、いずれも餌の劣化を完全に防ぐことはできない

冷凍飼料

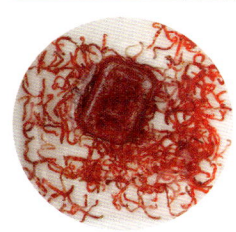

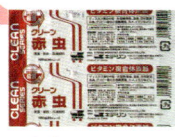

冷凍アカムシ
冷凍飼料にはアカムシ、ブラインシュリンプ、イトミミズ、ハンバーグなどがある。一度解凍したものは栄養価が流出しているので、再冷凍して使わないほうが無難

乾燥飼料

クリル
代表的な乾燥飼料がエビを用いたクリル。嗜好性が高く多くの魚が食べるが、クリルだけでは栄養が偏るので、他の餌と併用するのがおすすめ

生きた餌

アカムシ
病原菌を持ち込む恐れもあるため、汚れを落とすために水を張ったプラケースなどでエアレーションし、まめに水換えしながら数日間ストックしてから与えるとよい

イトミミズ
底砂に潜る習性があるので、陶器製の容器やハット型の専用イトメ入れに入れて与える。病原菌を持ち込む恐れもあるので、ストック時には水をよく交換し、さらに与える前には魚すくい用ネットに入れて流水でよく洗浄しておく

ので、開封した餌はできるだけ早めに使い切ることが大切です。そのためには、小さなパッケージのものを買うのもひとつの手です。

■ 冷凍飼料・乾燥飼料

冷凍飼料には、餌用の生物を丸ごと凍らせたものや原料を生のまま凍らせたものがあります。乾燥飼料は、原料をフリーズドライ（凍結乾燥）に加工したものです。いずれも嗜好性は高く、たいていの魚が喜んで食べます。乾燥飼料の中には、半生タイプ（コオロギやミルワームなど）もあり、より生き餌に近い感覚で与えることができます。

冷凍飼料の中には、主にディスカスのために開発されたハンバーグもあります。牛ハツなどをミンチにして、他の栄養分を配合して冷凍したものです。たとえば「ディスカス用」として販売されているものでも、栄養バランスや嗜好性に優れているため、他の魚も喜んで食べることがあります。特に、人工飼料を好まない魚には、試しに与えてみるのもよいでしょう。ただし食べ残しは水質を悪化させやすいので、与えすぎには注意します。

■ 生き餌

小魚などの生きた餌は、栄養価や嗜好性が高く、魚種や個体によっては生き餌にしか興味を示さないこともあります。しかし、生き餌は保存に手間がかかり（それを飼育する必要がある）、場合によっては病気を媒介してしまうこともあります。そのため購入後はしばらく薬浴したり、新鮮で質のよいものを購入し、必要ならば生き餌にも給餌して栄養を強化してから与えましょう。

■ 混泳水槽での給餌法

多種多様な魚（特に大型魚）が泳ぐ混泳水槽では、すべての魚に餌を均等にいき渡らせるのは難しいことがあります。少しずつ与えるとその水槽内での力関係が上位の個体、または素早く要領のいい個体が餌をたくさん食べてしまうのです。食べる個体はより大きくなり、他の個体は成長が停滞し、体格の差が激しくな

金魚
小さい順に「小赤」「別下」「姉金」とサイズ別に分けられ販売されていることが多い。購入してすぐに与えるのではなく、ストック水槽を用意して1週間程度薬浴してから与えるのがおすすめ

メダカ
養殖されたヒメダカは、金魚に並ぶ生き餌の代表的存在。小〜中型魚や大型魚の幼魚などに適する。天然のメダカが餌用に販売されていることもあり、やはり薬浴してから与えたい

アカヒレ
観賞魚としておなじみだが、餌用にも販売されている。大型魚の稚魚など、メダカも口に入らないような小さな魚に適する

ドジョウ
底棲魚なので底棲性の肉食魚の餌に適するが、泳ぎ回るタイプの肉食魚も好んで食べる。ドジョウ以外の淡水魚では、モツゴ（クチボソ）なども餌用に「雑魚」として販売されている

ザリガニ
3cm程度の小さなものから大きなものまで販売されている。ハサミや頭部の尖った部分は、取り除いてから与えるとよい。採集したものをすぐに与える場合は残留した農薬が心配だが、養殖ものまたはそれを冷凍乾燥したものを入手できると安心

川エビ
ヌマエビ、スジエビ、テナガエビなどの総称で、ヌマエビは生きたもの、テナガエビは冷凍ものが販売されていることが多い。魚が小さい場合は、頭部の尖った部分を取り除くと安心

ミルワーム
サイズは様々で、爬虫類や小鳥の餌としてもおなじみ。写真のジャイアントミルワームは、アロワナやポリプテルスなど大きな魚に適する。より栄養価を高めるため、ストック時には野菜や魚用の人工飼料、煮干しなどを与えるとよい

コオロギ
餌用には、フタホシコオロギとヨーロッパイエコオロギが販売されている。どちらも、小さな魚に与える際には堅い手足を取り除いておく。水に浮くので、バタフライフィッシュやアロワナの幼魚など、上層を泳ぐ魚でも食べやすい

るので、よりその傾向が強まっていくというわけです。

それを避けるには、一度に数種類の大量の餌を投入する方法があります。動き回る生き餌、浮上性・浮遊性・沈下性の人工飼料、乾燥飼料と、飼育している魚種に合わせてピックアップし、水槽全体に散らかるように与えるとよいでしょう。こうすることで、魚がある程度均等に食べることができ、成長差がつくことを緩和できます。

もっとも、この方法では1回の給餌量がかなり増え、場合によっては食べ残しも出て水を悪化させてしまうので、こまめな水換えなどで対処します。ちなみに水換えは、給餌の後ではなく、前に行なうのが無難です。特に、給餌してすぐの水換えは魚に負担をかけるので避けましょう。

■ 旅行のときは？

家を数日間留守にする場合、帰ってくるまで餌をあげられないからと、出発前に多めに与えるのは厳禁です。食べ残しは水を悪化させ、食べたぶんフンの量も多くなり、水が汚れます。魚は体力的には、1週間程度であれば餌を食べられなくても問題ありません。ただし混泳水槽では、お腹がすいてケンカをしてしまう恐れはあります。心配であれば、自動給餌器を使うとよいでしょう。

魚用の自動給餌器を使うと、タイマーによって決まった時間に餌を落とすことができる（冷凍飼料、生き餌には使えない）

きれい！かわいい！かっこいい！
おすすめ熱帯魚カタログ

幅広い種類の熱帯魚たちを、グループごとに分けて紹介していきます。流通量が多く、丈夫で飼いやすいビギナーにもおすすめの種を中心に、熱帯魚の奥深さや可能性をお伝えするため、あえてレアまたは憧れ的な存在の魚も取り上げました。グループ別の飼育法と併せて、ぜひ飼育の参考にしてください

カタログの見方

名前
熱帯魚ショップで販売時に使われている、一般的な名を採用しています

① 分布
棲息域をおおまかに区分しています（改良品種については省略）

② 全長
飼育下における平均的なサイズ、もしくは自然下でのサイズです。なお飼育下での成長具合は、水槽サイズや給餌など飼育環境によっても異なります

③ 餌
飼育時に与える餌の種類です。ただし、これだけしか食べないというものではありません

アベニーパファー
①東南アジア ②3cm ③冷凍アカムシ
④中性 ⑤可 ⑥45cm水槽に10匹

世界最小の淡水フグ。水草を多めに入れれば、本種同士の混泳は可能。また、小型テトラなど他の魚を多数泳がせるのも、本種同士での争い緩和につながる。繁殖例も多い

④ 適する水質
多くの熱帯魚は中性付近を維持していれば飼育可能ですが、より美しい発色を促したり、繁殖を狙う場合には、生息地の水質に近づけると効果があります。ここではpHに応じて、水質を次のように定義しています。
「弱酸性」…pH6.0〜6.5程度
「中性」…pH7.0前後
「弱アルカリ性」…pH7.5〜8.0程度

⑤ 混泳
同じ水槽で、「同種同士の複数飼育」、または「他の種との飼育」が可能か否かの目安です。「可」と記してあっても、単独飼育のほうが無難であったり、「お互いのサイズを揃える」、「隠れ家（弱い個体の逃げ場）を多めに用意する」、「争いを分散させるため多めで飼う」などの条件が必要なこともあります

⑥ 適する飼育環境
同種だけで飼うことを前提に、その種を飼うのに向いた水槽の大きさと匹数の目安を示しています。

	幅　奥行き　高さ
30cm水槽	30×20×25cm（水量約12ℓ）
45cm水槽	45×25×30cm（水量約35ℓ）
60cm水槽	60×30×36cm（水量約57ℓ）
90cm水槽	90×45×45cm（水量約160ℓ）

魚の部位の名称

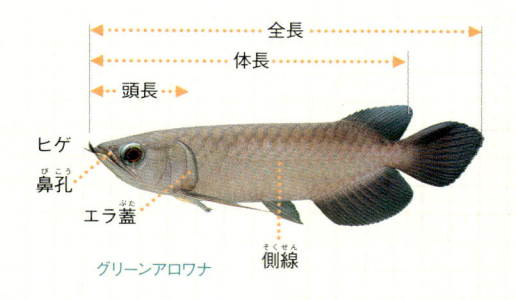

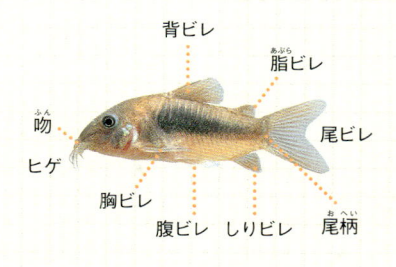

グリーンアロワナ
全長／体長／頭長／ヒゲ／鼻孔／エラ蓋／側線

バタフライレインボーフィッシュ
第一背ビレ／第二背ビレ／尾ビレ／胸ビレ／腹ビレ／しりビレ

コリドラス・アエネウス
背ビレ／脂ビレ／尾ビレ／吻／ヒゲ／胸ビレ／腹ビレ／しりビレ／尾柄

カラシン
Characin

南米とアフリカ大陸に1,300種以上が生息するグループ。小型の「テトラ」と呼ばれるものから大型種まで、幅広い種が存在しています。いずれも歯を持ち、大型種の中には「牙魚」と呼ばれるものもいます。小型テトラには美種が多く、水草水槽の主役にも最適です

カージナルテトラ

①南米 ②4cm ③人工飼料（顆粒、フレーク） ④弱酸性 ⑤可 ⑥60cm水槽に30～40匹

ポピュラーかつ人気の小型テトラ。ネオンテトラよりも赤い部分が広く、よりゴージャスな装い。丈夫で飼いやすく、他の小型魚との混泳も楽しめる

ネオンテトラ

①南米 ②3.5cm ③人工飼料（顆粒、フレーク） ④弱酸性 ⑤可 ⑥60cm水槽に30～50匹

熱帯魚の代表種。水槽への導入初期はやや弱い面があるが、環境に慣れれば丈夫。流通するのは東南アジアでのブリード個体が中心

グリーンネオンテトラ

①南米 ②3cm ③人工飼料（顆粒、フレーク） ④弱酸性 ⑤可 ⑥45cm水槽に20～30匹

ネオンテトラに似るが、やや小型で、本種はブルーのラインが尾筒まで達するなどの違いがある。柔らかい水草の葉先は食べてしまうことも

レッドバックゴールデンネオンダイヤモンドヘッド

①改良品種 ②3.5cm ③人工飼料（顆粒、フレーク） ④弱酸性 ⑤可 ⑥60cm水槽に30～50匹

ネオンテトラを元にドイツで改良・作出された品種。ブルーのラインが消失し、これはこれで爽やかで明るい印象となっている

グローライトテトラ

①改良品種 ②4cm ③人工飼料（顆粒、フレーク） ④弱酸性 ⑤可 ⑥60cm水槽に30～40匹

古くからのポピュラー種。自ら発光しているかのような、鮮やかなオレンジラインが美しい。安価で丈夫なのも魅力

レッドファントムテトラ

透明感のある赤みが美しい。体高があり、背ビレが大きく、数匹泳がせるだけでも見応えがある。流通量は多く、丈夫で飼いやすい

①南米 ②4cm ③人工飼料（顆粒、フレーク）
④弱酸性 ⑤可 ⑥60cm 水槽に 10～20 匹

ダイヤモンドテトラ

光に反射したウロコが、キラキラと輝く美種。そのきらめきは成長につれ目立つようになるので、ダイヤモンドを磨くかのように大切に世話をしたい

①南米 ②6cm ③人工飼料（顆粒、フレーク）
④弱酸性 ⑤可 ⑥60cm 水槽に 5～10 匹

ディープレッドホタルテトラ

赤みの美しさで人気。小型で温和なので、水草を植えた静かな環境が適する。混泳させるなら、似たようなサイズ・習性の魚が適する

①南米 ②2cm ③人工飼料（顆粒、フレーク）
④弱酸性 ⑤可 ⑥30cm 水槽に 5 匹

マーブルハチェット

ハチェットとは、手斧（ハチェット）のような体形で薄いボディが特徴の仲間。いずれも水面付近を泳ぐため、餌は浮上性が適する

①南米 ②4cm ③人工飼料（顆粒、フレーク）
④弱酸性 ⑤可 ⑥60cm 水槽に 10～15 匹

ドワーフペンシル

ペンシルフィッシュの仲間は、その名のとおり鉛筆のような細身のフォルムが特徴。本種はその中では小型で、体側に金色のラインが入る。温和で飼いやすい

①南米 ②3cm ③人工飼料（顆粒、フレーク）
④弱酸性 ⑤可 ⑥45cm 水槽に 10～15 匹

コンゴテトラ

アフリカ産テトラの代表種。オス（写真）は青や黄色の輝きを発し、各ヒレも伸長する。丈夫で飼いやすいが、よく泳ぎ回るので余裕のあるスペースを用意したい

①アフリカ ②10cm ③人工飼料（顆粒、フレーク）
④弱酸性 ⑤可 ⑥60cm 水槽に 5 匹

ピラニア・ナッテリー

ピラニアの仲間は鋭い牙を持ち"人食い魚"と呼ばれることもあるが、実際は臆病で神経質。本種は最もポピュラーなピラニアで、本種同士であれば複数飼育も可能

①南米 ②25cm ③生き餌（小魚）、クリル
④中性 ⑤可 ⑥90cm水槽に5匹

ピラニア・ピラヤ

大型のピラニア。成魚は頭部が発達し、ボディはオレンジを帯びるなど、迫力と美しさを兼ね備えている。単独飼育が基本

①南米 ②50cm ③生き餌（小魚）
④中性 ⑤不可 ⑥90cm水槽に1匹

ブラックコロソマ

ピラニアに似るが、より大型で重量感のあるボディを持つ。性質は温和で、雑食性で何でもよく食べる。大型魚となら混泳可能

①南米 ②60cm以上 ③人工飼料（浮上性ペレット）、生き餌（小魚） ④中性 ⑤可 ⑥180×90×90cm水槽に1匹

オレンジフィンキリーホーリー

オレンジ色の大きな背ビレが特徴。ホーリーと呼ばれるグループの中では小型で、丈夫で飼いやすい。単独飼育が無難

①南米 ②30cm ③生き餌（小魚）
④中性 ⑤不可 ⑥60cm水槽に1匹

タライロン

①南米 ②100cm ③生き餌（小魚） ④中性 ⑤不可 ⑥180×60×60cm水槽に1匹

凶悪な顔つきにどう猛な性質、さらにパワーも備えたアマゾンの怪魚。自然下の全長は1mにも達する。狂犬のような感覚で接するべき魚である

ドラード

①南米 ②100cm ③生き餌（小魚） ④中性 ⑤可
⑥180×90×60（高）cm水槽に1匹

ドラードとは黄金を意味する言葉。幼魚は銀色だが、成長につれその名にふさわしい姿となる。よく泳ぐので、大型水槽を用意したい

アルマートゥスペーシュカショーロ

①南米 ②100cm ③生き餌（小魚）
④中性 ⑤可
⑥150×90×60（高）cm水槽に1匹

カショーロの仲間は、歯ではなく牙を持つ。本種は大型化するぶん、牙のインパクトも際立っている。相手次第では混泳可能だが、単独飼育が無難

ゴリアテタイガーフィッシュ

①アフリカ ②85cm ③生き餌（小魚）
④中性 ⑤可 ⑥180×90×60（高）cm水槽に1匹

口を閉じていてもはみ出す牙、自然下では最大2mに達するという存在感などから、かつては夢の魚であった。近年は継続的な入荷がある

カラシンの飼い方

鮮明な青と赤が美しい
カージナルテトラ

種類は様々

カラシンの仲間は、全長2cmほどの超小型種から60cmを超えるような超大型種まで、種類は多様です。まずは飼育したい種類の最大全長や生態を知ることが大切。大型種と小型種は一緒には飼育できないので注意しましょう。

小型種は小さな水槽でも飼育できます。大きな水槽を使用すれば小型魚同士の混泳も可能なので、色々な小型カラシンが舞う水景を楽しむことができるでしょう。小型種の多くは、弱酸性〜中性付近の水質で飼育が可能です。ただし、南米のネグロ川に生息する種類など、pHの低い酸性の水質を好むものもいるため、飼育の前に適した水質を確認しておきましょう。

意外とケンカ好き

カラシンの仲間は群れる習性がありますが、それは敵から逃げるための行動です。水槽内のように敵がいない平和な環境ではあまり群れを作らず、同種同士で小競り合いや、激しくケンカをする様子が度々見られます。カラシンの歯は鋭く、相手のヒレをボロボロにしてしまうことがありますが、小型種の多くは殺し合いになることは稀です。むしろ小競り合いの際は体色が美しくなることが多いため、やや広めの水槽で複数を飼育して、積極的にカラシンの行動を楽しんでみましょう。

大型種は特別扱いで

ピラニアやホーリー、ドラードなどの大型種は、全長に合った大型水槽で飼育します。ドラードなどは将来的には幅180cm以上の水槽が必要になります。また、ピラニアやホーリーなどの肉食魚は、ほとんどの種類は1匹だけでの飼育が適しています。水槽に合った大きなフィルターや、飛び出し防止のためのフタをしっかり設置するなど、準備万端で飼育を始めましょう。

カージナルテトラの美を引き出す

DATA
水槽：45×30×30cm
フィルター：底面式
底砂：田砂
魚：カージナルテトラ×15

小型テトラは複数種を泳がせると楽しいが、あえて1種のみを泳がせるのも、シンプルながら飽きのこない水景ができておもしろい。特に、ここで泳がせているカージナルテトラのような華やかな魚であれば、1種でも十分見栄えがする。水草の緑は、カージナルテトラの美しさをより引き出す

コイ
Carp

アジアの温・熱帯地域とアフリカから、多くの仲間が輸入されています。水草レイアウトに適する小型の美種や、愛嬌のあるドジョウの仲間などが特に人気で、温和で飼いやすい種が多いことも魅力です

"ラスボラ"・ヘテロモルファ

①東南アジア　②3.5cm　③人工飼料（顆粒、フレーク）
④弱酸性　⑤可　⑥60cm 水槽に 20～30匹

三角形のような模様を持つポピュラー種。温和かつ丈夫で飼いやすい。"ブルー"、"ゴールド"などの改良品種も流通している

"ラスボラ"・エスペイ

①東南アジア　②3.5cm　③人工飼料（顆粒、フレーク）
④弱酸性　⑤可　⑥60cm 水槽に 20～30匹

ヘテロモルファより体高が低く、模様はライン状。酸性寄りの水質でていねいに飼っていると、オレンジ色は濃さを増してくる

レッドラインラスボラ

①東南アジア　②5cm　③人工飼料（顆粒、フレーク）
④弱酸性　⑤可　⑥60cm 水槽に 15～20匹

赤いラインとシャープな体形が特徴で、まれに金色のラインを持つ個体も存在する。古くから知られるポピュラー種で、丈夫で飼いやすい

スンダダニオ・"グリーン"

①東南アジア　②2cm　③人工飼料（顆粒）
④弱酸性　⑤可　⑥30cm 水槽に 5～10匹

成魚でも2cmほどの超小型種。飼育初期はデリケートだが、環境に慣れれば丈夫。混泳させる場合は、小型で温和な種類を選ぶ

ボララス・ブリジッタエ

弱酸性寄りの水質で飼い込むと、赤みを増す美種。強い水流は避け、水草を浮かべたり植えたりして、落ち着ける環境を用意したい

①東南アジア　②2.5cm　③人工飼料（顆粒）
④弱酸性　⑤可　⑥30cm 水槽に 5～10 匹

アカヒレ

コッピーとも呼ばれる魚で、比較的低水温にも強い。小型で丈夫なことからコップで飼われることもあるが、水槽で悠々と泳がせてあげたい。水槽内繁殖も楽しめる

①東アジア　②3.5cm　③人工飼料（顆粒、フレーク）
④中性　⑤可　⑥45cm 水槽に 15～20 匹

"ミクロラスボラ"・ハナビ

紺色の体に金色のスポットが散りばめられた姿は、まるで夜空に打ち上げられた花火のよう。各ヒレの赤みも、よいアクセントになっている

①東南アジア　②3cm　③人工飼料（顆粒、フレーク）
④中性　⑤可　⑥30cm 水槽に 5 匹

オレンジグリッターダニオ

鮮やかな蛍光オレンジが特徴の美種。本種同士では小競り合いし、よく泳ぎ回るので、余裕のあるスペースで飼育したい

①東南アジア　②4cm　③人工飼料（顆粒、フレーク）
④中性　⑤可　⑥45cm 水槽に 5～10 匹

レッドライントーピードバルブ

①東南アジア　②20cm
③人工飼料（顆粒、フレーク）、冷凍アカムシ　④弱酸性
⑤可　⑥90cm 水槽に 5～10 匹

一筆で描いたような赤いラインが特徴。大きめの水槽で複数を泳がせると、ひと際目を引く存在となる

バタフライバルブ

アフリカに生息する小型種。かつては幻と呼ばれたが、2006頃から輸入されている。ヒレを張って泳ぐ姿が愛らしく、複数で飼育したい

①アフリカ　②3cm　③人工飼料（顆粒、フレーク）
④弱酸性　⑤可　⑥45cm 水槽に 5〜10 匹

バルブス・ヤエ

鮮やかな赤と紺色が織りなす模様は美しく、個性にも溢れている。水草を植えて、落ち着ける環境を用意してあげよう

①アフリカ　②3.5cm　③人工飼料（顆粒、フレーク）
④弱酸性　⑤可　⑥30cm 水槽に 5〜10 匹

パンダシャークローチ

ローチとはドジョウの仲間で、本種は近年になってアクアリウム界に登場した種。中国の渓流部に生息しており、まさにパンダのような白黒模様が愛らしい

①東アジア　②5cm　③冷凍アカムシ
④中性　⑤可　⑥45cm 水槽に 5〜10 匹

クラウンローチ

オレンジと黒の色彩で人気のポピュラー種。横になって寝る姿も愛らしい。自然下では 30cm ほどになるが、水槽内でそこまで大きくするのは難しい

①東南アジア　②30cm　③人工飼料（沈下性タブレット）、冷凍アカムシ　④中性　⑤可　⑥60cm 水槽に 3〜5 匹

シルバーシャーク

サメのようにピンと張った背ビレやフォルムから"シャーク"とは呼ばれるものの、れっきとしたコイの仲間。数cm ほどの幼魚が多く流通している

①東南アジア　②35cm　③人工飼料（浮上性ペレット）、冷凍アカムシ　④中性　⑤可　⑥90cm 水槽に 3〜5 匹

アロワナカープ

①東南アジア　②50cm　③人工飼料（浮上性ペレット）、冷凍アカムシ　④中性　⑤可　⑥120cm 水槽に 2〜3 匹

アロワナのように大きなウロコを持つことからこの名で呼ばれる魚で、複数種が存在する。自然下では 1m を超す大型種も知られる

コイ&ローチ の飼い方

この水槽には泳いでいないが、ヘテロモルファの改良品種、ヘテロモルファ・"ゴールド"も人気が高い

温和な美種が多い

コイの仲間には"ラスボラ"・ヘテロモルファやハナビなど、小さくて美しい種類が目白押しです。性質が温和で他種と混泳できる種類が多いのも魅力で、華やかな混泳水槽を作る際のタンクメイトにも適しています。水質は小型カラシンと同様に弱酸性〜中性付近を好む種類が多く、そのため小型カラシンとの混泳にも向きます。ただし、中にはアクセルロッディやヤエのように、pHの低い酸性の水を好む種類もいます。これらは中性付近の水では長生きしないことが多いので、ソイルなどの底砂、観賞魚用のピートモス（水に入れるとpHを下げる効果がある）などを使用して、酸性の水質を保つようにします。

中型種は大きな水槽で飼育

シルバーシャークやアロワナカープなどのようにやや大きくなる中型種は、小型種を食べてしまうことがあるので、それらは一緒には飼育できません。他魚と混泳させる場合は、必ず口に入らないサイズの種類を選ぶようにします。

ローチはドジョウの仲間

ローチやボティアを飼う際、水質はコイと同様で問題ありませんが、種類によって生態が異なるため、飼育にはちょっとしたコツも必要です。クラウンローチやボティアの仲間には大きくなる種類も多く、小型水槽での飼育には向きません。特に成魚では、幅60cm以上の水槽での飼育が適しています。クーリーローチなどは水槽の底付近にいることが多いため、底床を常に清潔に保ち、沈下性のタブレットタイプの餌を与えるとよいでしょう。ローチの仲間は動きがコミカルで愛らしく、色彩が美しい種類が多いのも魅力。また、ピグミーマルチストライプローチのように小型でよく泳ぎ、混泳水槽にも向いている種類も知られています。

"ラスボラ"・ヘテロモルファの群れを楽しむ

DATA
水槽：25cmキューブ
フィルター：スポンジフィルターと内部式を併用
底砂：ソイル
魚："ラスボラ"・ヘテロモルファ×11

温和で飼いやすい"ラスボラ"・ヘテロモルファの群れを楽しむレイアウト。弱酸性の水質を好むヘテロモルファのために、ソイル系を敷くことで適正水質（ここではpH6.2）を作っている。背景の水草は、東南アジア原産のヘテロモルファに合わせて、同じく東南アジア原産のミクロソリウムを中心に配置した。魚を落ち着かせるため、水面を覆うようにバリスネリア・ナナもたなびかせている

メダカ
Killi Fish

世界に広く分布するグループです。卵を産む「卵生メダカ」と、卵ではなく稚魚を産む「胎生メダカ（さらに「明胎生」と「真胎生」とに分かれる）」というように、繁殖の形態で大きく分けられます。水槽内繁殖が比較的容易な種が揃っており、ブリーディングを楽しむのにも最適です

卵生メダカ

アフリカンランプアイ

①アフリカ ②3.5cm ③人工飼料（顆粒、フレーク）
④弱酸性 ⑤可 ⑥45cm水槽に15～20匹

青く輝く目が特徴的な人気種で、アルビノも流通している。状態のよい個体を入手すれば、飼育は容易。温和で群れを好む

クラウンキリー

①アフリカ ②3.5cm ③人工飼料（顆粒、フレーク）
④弱酸性 ⑤可 ⑥45cm水槽に10～15匹

ボディの縞模様とカラフルな尾ビレが個性的。ていねいに飼うと各ヒレが伸長し、より見栄えがする。水面直下を泳ぐことが多い

オリジアス・ウォウォラエ

①東南アジア ②4cm ③人工飼料（顆粒、フレーク）
④中性 ⑤可 ⑥45cm水槽に10～15匹

全身がメタリックブルーに覆われる美種。比較的近年に発見され、瞬く間にポピュラーな存在となった。飼育繁殖ともに難しくない

アルゼンチンパール

①南米 ②5cm ③人工飼料（顆粒）、冷凍アカムシ
④弱酸性 ⑤可 ⑥30cm水槽に1ペア

黒地に青いスポットを散りばめたポピュラー種。繁殖は容易で、ピートモスなどに潜って休眠卵を産む。高水温には弱いので20～25℃を保ちたい

ヨツメウオ

目を水から出して泳ぐという、変わった生態で有名。潮の影響を受ける地域に生息するため、汽水（海水の1/3程度の塩分）で飼育する

①南米 ②15cm ③冷凍アカムシ、クリル
④汽水 ⑤可 ⑥90cm 水槽に 3～5 匹

ハイフィンプラティ

胎生メダカ

プラティには、中南米に生息する原種を元にした美しい改良品種が揃っている。写真は背ビレが伸長するハイフィンタイプ。カラーも様々

①改良品種 ②4cm ③人工飼料（顆粒、フレーク）、
冷凍アカムシ ④中性 ⑤可 ⑥45cm 水槽に 10 匹

ミッキーマウスプラティ

尾筒の模様が有名キャラクターを連想させることから、この名で呼ばれている。プラティの仲間はいずれも、飼育繁殖ともに容易

①改良品種 ②4cm ③人工飼料（顆粒、フレーク）、
冷凍アカムシ ④中性 ⑤可 ⑥45cm 水槽に 10 匹

レッドアイタンジェリンライヤーソード

①改良品種 ②10cm ③人工飼料（フレーク）、
冷凍アカムシ ④中性 ⑤可 ⑥60cm 水槽に 5～10 匹

ソードテールの仲間は、剣（ソード）を思わせるシャープな尾ビレが特徴。本品種は全身が赤く、アルビノのため目も真紅で華やか

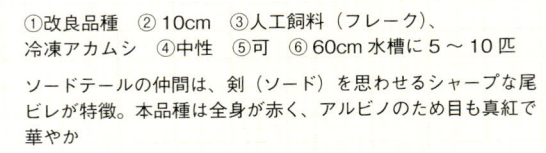

紅白ソードテール

①改良品種 ②8cm ③人工飼料（フレーク）、冷凍アカムシ
④中性 ⑤可 ⑥60cm 水槽に 10 匹

2001 年に登場した人気種。清涼感溢れる容姿は、混泳水槽の中でもよく目立つ。東南アジアまたは国内でブリードされた個体が流通している

グッピー

①改良品種　②4～5cm　③人工飼料（顆粒、フレーク）、冷凍アカムシ　④中性　⑤可　⑥60cm水槽に10～30匹

グッピーとは南米の北部などに生息する胎生メダカを改良したもので、国産と、主に東南アジアで改良された外国産グッピーとに分かれる。一般には、色彩が美しく各ヒレが大きいのがオス。ボディは、メスのほうが大きくなる

ブルーグラス

国産グッピーの中でも特に高い人気で、いくつかのバリエーションが存在する。写真はハイドーサルブルーグラスという、背ビレが全体的に大きく広がるタイプ

ドイツイエロータキシード

ブルーグラスと並ぶ人気種。尾ビレはやや黄色みがかるが、写真のような純白の個体ほど好まれる

RRE アルビノブルーグラス

ブルーグラスをRRE（リアルレッドアイ）アルビノにしたもの。清涼感に満ちた美しさ

RRE アルビノフルレッド

シンプルながらインパクトのある、真紅のボディと眼が特徴的

プラチナアクアマリンダブルソード

黄金色のボディと爽やかな水色との組み合わせが美しい品種。グッピーの尾ビレの形状は、数タイプある

メダカの飼い方

ランプアイの眼の青みを強調するには、ライトをやや暗めにするのもよい

卵生メダカの飼育

　日本のメダカに近縁なオリジアスの仲間や、アフリカに分布するランプアイの仲間は、弱酸性〜中性付近の水質を好みます。スラウェシ島産など一部の種類は中性〜弱アルカリ性、タイメダカなどは酸性の水質を好むため、種類に適した水質を維持しましょう。メダカの仲間の多くは、水流が弱い水域で生活しています。そこで、フィルターを使用する際は、フィルターの出水をガラス面や流木などのアクセサリに当てるなどして、ゆるやかな流れを演出しましょう。

　メダカの仲間は意外と激しいケンカをすることも多いため、小型種でもやや大きめで十分に泳ぎ回れる水槽での飼育をおすすめします。順調に飼育できていれば繁殖も可能です。

単種飼育がおすすめ

　同じ卵生メダカでも南米産のアルゼンチンパールや、アフリカ産のノソブランキウスの仲間は、乾燥に耐える休眠卵を産みます。オス同士は激しく争うので、基本的には種類ごとにペアで飼育します。

胎生（卵胎生・真胎生）メダカの飼育

　グッピーやプラティなどの卵胎生メダカは飼育が容易で、初心者でも繁殖が楽しめます。水が古くなると調子を崩すことがあるので、1週間に一度、全水量の1/3ほどを換水し、新鮮な水を保つことも大切です。メス親は直接稚魚を産みますが、種類によって出産までの期間に差があります。出産後、稚魚はすぐに泳ぎ出し、親と同じ餌を食べて成長します。

　またハイランドカープのような真胎生メダカは、出産数が少ないものの稚魚が大きいのが特徴です。種類によってはやや気が荒く、同種同士では激しく争うこともあります。また、よく泳ぎ回るので、大きめの水槽での飼育が適しています。

ランプアイとアヌビアスによるアフリカの水景

DATA
水槽：45×30×30cm
フィルター：外掛け式
底砂：川砂
魚：アフリカンランプアイ×25

アフリカンランプアイの青く輝く眼を強調するため、黒い背景（バックスクリーン）に泳がせている。アフリカ原産の水草アヌビアス・ナナの深い緑も、水景に落ち着きを与えている印象だ。ランプアイは比較的上層を泳ぎ、何かに驚いた拍子に飛び出すこともあるので、フタは欠かさずしておこう。また、これくらい水草を多めに入れておくと、自然繁殖していることもある

シクリッド
Cichlid

中〜南米、アフリカなどに生息しています。そのほとんどが子育てをする習性を持っており、種によっては水槽内でも微笑ましいシーンを見せてくれます。また人によく馴れ、ペット的な付き合い方が楽しめる種が多いのも魅力です

アピストグラマ・バエンスヒ

①南米　②5cm　③人工飼料（顆粒）、冷凍アカムシ
④弱酸性　⑤可　⑥45cm 水槽に 1 ペア

2002年、日本人によってペルーで発見された。「インカ 50」の名でも呼ばれる。オス（写真）は背ビレが伸長し、見応え十分。アピストグラマの多くは、水槽内繁殖が容易

アピストグラマ・アガシジィ

①南米　②7cm　③人工飼料（顆粒）、冷凍アカムシ
④弱酸性　⑤可　⑥45cm 水槽に 1 ペア

分布域が広いため、流通量が多いポピュラー種。体色は産地や個体によって、多少の差がある。丈夫で、飼育繁殖ともに容易

チェッカーボードシクリッド

①南米　②7cm　③人工飼料（顆粒）、冷凍アカムシ
④弱酸性　⑤可　⑥60cm 水槽に 5 匹

格子模様を持つ。体色は成長につれ濃さを増し、オス（写真）の尾ビレは伸長する。シクリッドの中では温和で、複数飼育も可能

ドイツラム

①改良品種　②5cm　③人工飼料（顆粒）、冷凍アカムシ
④弱酸性　⑤可　⑥45cm 水槽に 1 ペア

原種は南米産のミクロゲオファーグス・ラミレジィで、写真の「ドイツラム」の他いくつかの改良品種が存在する。丈夫で飼いやすい

コバルトブルーラム

①改良品種　②5cm　③人工飼料（顆粒）、冷凍アカムシ
④弱酸性　⑤可　⑥45cm水槽に1ペア

2009年にシンガポールで発表された品種。インパクト大の
メタリックブルーは、子どもにも受け継がれる

バルーンラム

①改良品種　②3.5cm　③人工飼料（顆粒）、冷凍アカムシ
④弱酸性　⑤可　⑥45cm水槽に1ペア

寸詰まりのボディが愛らしい、バルーン（ショートボディ）タイプ。
ノーマルよりも全長は短く、性質はより温和になっている

プラチナエンゼル

①改良品種　②10cm　③人工飼料（顆粒）、冷凍アカムシ
④弱酸性　⑤可　⑥60cm水槽に4～5匹

突然変異によって生まれた白い体色の個体を固定化した品種。
純白の輝きを発し優雅に泳ぐ姿は、まさに天使のよう

スカラレエンゼル

①南米　②12cm　③人工飼料（顆粒）、冷凍アカムシ
④弱酸性　⑤可　⑥60cm水槽に1ペア～5匹

原種エンゼルフィッシュの代表種で、本種を元に多くの改良
品種が作出された。環境に慣れれば丈夫で、繁殖は比較的
容易。口に入るサイズの小魚は食べてしまうこともある

ヘッケルディスカス

①南米 ②18cm ③人工飼料（顆粒）、冷凍アカムシ、ディスカスハンバーグ ④弱酸性 ⑤可 ⑥90cm水槽に5～10匹

体側中央に入る黒い横縞（ヘッケルバンド）が特徴の原種ディスカス。水質にデリケートで、飼育はやや難しい。原種ディスカスは他に、ブルーディスカス、ブラウン（アレンカー）ディスカスも存在する

グリーンディスカス

①南米 ②18cm ③人工飼料（顆粒）、冷凍アカムシ、ディスカスハンバーグ ④弱酸性 ⑤可 ⑥90cm水槽に5～10匹

丸いフォルムと美しい色彩で有名なディスカスは、「熱帯魚の王様」とも称される。写真は明るいグリーンが特徴的な、原種のグリーンディスカス

レッドスポット系改良ディスカス

①改良品種 ②18cm ③人工飼料、冷凍アカムシ、ディスカスハンバーグ ④弱酸性 ⑤可 ⑥90cm水槽に5～10匹

改良ディスカスの中でも特に人気が高い、レッドスポットを持つタイプ。写真は、マレーシアで改良された「ブルーアナコンダ」という品種

ソリッドブルー系改良ディスカス

①改良品種 ②18cm ③人工飼料、冷凍アカムシ、ディスカスハンバーグ ④弱酸性 ⑤可 ⑥90cm水槽に5～10匹

全身が爽やかなブルーに染まる改良ディスカスも、古くから高い人気を誇る。写真は「スーパーブルーダイヤモンド」という品種

アイスポットシクリッド

①南米 ②70cm ③生き餌（小魚）、人工飼料（浮上性ペレット）
④中性 ⑤可 ⑥90～120cm水槽に1～3匹

南米を代表する大型シクリッド。丈夫で飼いやすいが、生き餌を好む大食漢で成長が速く、大型水槽は必須

オスカー

①南米 ②35cm ③人工飼料（浮上性ペレット、沈下性ペレット）
④中性 ⑤可 ⑥90cm水槽に3～4匹

人によく馴れることで知られるポピュラー種。原種（写真）は産地によって、体形・体色が若干異なる。アルビノやロングフィンなどの改良品種も人気が高い

"シクラソマ"・フリードリッヒスターリー

①中米 ②30cm ③人工飼料（浮上性ペレット、沈下性タブレット）
④中性 ⑤可 ⑥90cm水槽に1ペア

"シクラソマ"とは中米に生息するグループで、派手な体色を持つ種が多い。性質は荒いものがほとんどだが、種によっては繁殖も可能。本種は、古くから知られるポピュラー種

パロットファイヤー

①改良品種 ②15cm ③人工飼料（浮上性ペレット、沈下性ペレット）
④中性 ⑤可 ⑥60～90cm水槽に4～5匹

シクラソマ同士を交雑させたもの。体色は真っ赤なものがポピュラーだが、ピンクやグリーンなども存在する。アジアアロワナなど大型魚のタンクメイトとしても人気

ペルヴィカクロミス・タエニアトゥス

ペルヴィカクロミスは、アフリカ河川産シクリッドの代表的グループ。同種であっても、産地によって体色に違いがある。アピストグラマに比べると難しいが、水槽内繁殖も可能

①アフリカ ②8cm ③人工飼料（顆粒）、冷凍アカムシ
④弱酸性 ⑤可 ⑥60cm水槽に1ペア

ギベローサ（フロントーサ）

タンガニイカ湖に生息する大型種。濃紺と白のバンド模様、独特の青みを帯びた各ヒレなどで人気。メスは卵を口内保育する

①アフリカ ②30cm ③人工飼料（浮上性ペレット）、冷凍アカムシ
④弱アルカリ性 ⑤可 ⑥120cm水槽に5～6匹

ネオラムプロローグス・ブリシャルディ

タンガニイカ湖に生息する。写真は"ダフォディール"と呼ばれる地域変異で、爽やかな黄色が特徴。丈夫で、飼育繁殖ともに容易。卵は石などの陰に産みつける

①アフリカ ②8cm ③人工飼料（顆粒）、冷凍アカムシ
④弱アルカリ性 ⑤可 ⑥60cm水槽に5～10匹

ラムプロローグス・オセラートゥス

タンガニイカ湖に生息し、巻貝の中に産卵する習性を持つシクリッドを「巻貝シクリッド」と呼ぶ。本種はその代表種で、興味深い生態は水槽内でも容易に楽しめる

①アフリカ ②4cm ③人工飼料（顆粒）、冷凍アカムシ
④弱アルカリ性 ⑤可 ⑥45cm水槽に5～10匹

"アーリー"

マラウイ湖に生息する。全身が深い青に包まれる人気種で、東南アジアでさかんにブリードされている。卵を口内保育する習性を持ち、水槽内繁殖も可能

①アフリカ ②15cm ③人工飼料（顆粒）、冷凍アカムシ
④弱アルカリ性 ⑤可 ⑥90cm水槽に5～10匹

ラビドクロミス・カエルレウス・カエルレウス

マラウイ湖に生息する、"ムブナ"と呼ばれるグループの1種。ムブナ類は丈夫だが、いずれも気が強いので、数を多めにして争いを分散させるとよい

①アフリカ ②8cm ③人工飼料（顆粒）、冷凍アカムシ
④弱アルカリ性 ⑤可 ⑥60～90cm水槽に10～15匹

シクリッドの飼い方

流木の窪みに産んだ卵を守るアガシジィのメス。この時期のメスは体色が黄色へ変化し、気が強くなりオスを追い払うようになる

種類の特徴を知る

シクリッドは種類数が多く、最大サイズや適正水質が異なるため、飼育の前に特徴を知ることが特に重要です。南米産の多くは酸性〜弱酸性、中米産は中性〜弱アルカリ性の水質を好みます。アピストグラマなど小型種の多くは小型のカラシンやコイなどとの混泳も可能ですが（アフリカ湖産は水質が異なるため不可）、中〜大型種は小さな魚を食べてしまうので、混泳の際には注意が必要です。

種類によって難易度は異なりますが、水槽内での繁殖が可能で、親魚が稚魚を連れて泳ぐ光景は一見の価値ありです。メスが守るもの、ペアで守るものなど保護の方法は種類で異なります。繁殖を目指すならペアで飼育をしますが、そうでなければオスまたはメスだけでの飼育でもよいでしょう。オスカーなどは人によく馴れるので、単独でペット的な飼育を楽しむにも最適です。

アフリカ産の飼育

アフリカのシクリッドは、河川産と湖産に分けられます。マラウイ湖やタンガニイカ湖などの湖には小型から大型まで様々な種類が生息しており、サイズに合った水槽で飼育します。いずれも弱アルカリ性の水質を好み、水が古くなると調子を崩すことがあるので、能力の高いフィルターを利用してろ過機能を充実させ、常に新鮮な水で飼育するようにしましょう。河川産の多くは酸性〜中性の水質が適し、南米産と同じような方法で飼育が可能です。

ケンカは対処しよう

シクリッドの多くはなわばりを持つため、複数を飼育しているとよくケンカをします。同種だけでなく、他の魚を攻撃することもあります。特に繁殖期は気が荒くなるので、攻撃がひどいようなら別の水槽に移したり、セパレータで水槽を仕切るなどの対処をします。

アピストグラマのペア水槽

DATA
水槽：45 × 30 × 30cm
フィルター：スポンジフィルター
底砂：ソイル
魚：アピストグラマ・アガシジィ× 1 ペア

アピストグラマのような、比較的繁殖が容易な小型シクリッドは、ペアで飼育するのが楽しい。繁殖が容易とはいえ適正な環境作りは必要で、ここでは弱酸性の水質を作るため底砂はソイルを使用。さらに、産卵床として欠かせない流木を配置している。モデルのアガシジィは、飼育開始後1週間ほどで産卵してくれた。水草は、アピストグラマと同じく南米産のアマゾンソードをチョイス

アナバンティッド
Labyrinth Fish

アジアとアフリカに分布し、エラ近くに補助呼吸器を持ち、空気呼吸ができる魚たちです。中でも有名なトラディショナルベタは、コップに入れられて販売されるほど。同様の特徴を持ち、近い仲間のスネークヘッドなども交えて紹介します

ゴールデンハニードワーフグーラミィ

東南アジアに生息するハニードワーフグーラミィを、黄色い体色へ改良したもの。飼育は容易で、小型種同士での混泳も問題ない

①改良品種　②4cm　③人工飼料（顆粒、フレーク）、冷凍アカムシ　④弱酸性　⑤可　⑥45cm 水槽に5～6匹

ピグミーグーラミィ

古くから知られるポピュラー種。飼育は容易だが、口が小さいので餌は細かめのものを与える。強い水流を避けることも大切

①東南アジア　②3cm　③人工飼料（顆粒、フレーク）④弱酸性　⑤可　⑥30cm 水槽に5～6匹

スファエリクティス・バイランティ

①東南アジア　②6cm　③人工飼料（顆粒、フレーク）、冷凍アカムシ　④弱酸性　⑤可　⑥45cm 水槽に3～5匹

メス（写真）はメタリックグリーンと濃い赤の配色が美しく、オスはベージュがかっている。口内保育する習性があり、水槽内でも繁殖可能で、産卵の様子は92ページ参照

トラディショナルベタ（赤）

ベタといえば一般に、このトラディショナルベタを指す。オス同士は激しく争うので単独飼育が基本だが、他の温和な小型魚とは混泳可能

①改良品種　②7cm　③人工飼料（顆粒）、冷凍アカムシ　④弱酸性　⑤不可　⑥30cm 水槽に1匹

プラチナブルーマーブルベタ（プラカット）

プラカットはヒレが短いタイプの観賞ベタで、美しい新品種がさかんに作出されている。やはり、オス同士では激しく争う

①改良品種　②6cm　③人工飼料（顆粒）、冷凍アカムシ　④弱酸性　⑤不可　⑥30cm 水槽に1匹

ベタ・スプレンデンス

原種ベタの代表種で、本種を元に改良ベタが作出された。各ヒレは、メタリックブルーや赤で彩られる。気が強いので単独飼育が基本

①東南アジア ②6cm ③人工飼料（顆粒）、冷凍アカムシ
④弱酸性 ⑤不可 ⑥30cm水槽に1匹

アルビノパラダイスフィッシュ

オスは気が強いので単独飼育が無難だが、雌雄を上手に飼えば繁殖も楽しめる。原種は中国～ベトナムに生息している

①改良品種 ②10cm ③人工飼料（顆粒）、冷凍アカムシ
④弱酸性 ⑤可 ⑥45cm水槽に1匹～1ペア

レオパードクテノポマ

アフリカを代表するアナバンティッドで、美しいヒョウ柄が魅力。人工飼料を中心に、生き餌も与えるとよい

①アフリカ ②15cm ③人工飼料（顆粒）、冷凍アカムシ、生き餌（小魚、エビ） ④弱酸性 ⑤可 ⑥60cm水槽に1～3匹

クロコダイルフィッシュ

待ち伏せ型の習性を持つ肉食魚で、大きな口を瞬時に延ばして捕食する。神経質なので、水草を多めに植えるなどして、落ち着ける環境を作るとよい

①東南アジア ②15cm ③冷凍アカムシ、生き餌（小魚、エビ）
④弱酸性 ⑤可 ⑥60cm水槽に2～3匹

レインボースネークヘッド

小型スネークヘッドの代表種。気が強いが、流木などで隠れ家を多くすれば複数飼育可能。飛び出し防止のためフタが必須で、すき間も埋めておくとよい

①東南アジア ②20cm ③人工飼料（沈下性タブレット）、冷凍アカムシ、生き餌（小魚、エビ） ④弱酸性
⑤可 ⑥60cm水槽に4～5匹

レッドスネークヘッド

①東南アジア ②100cm ③生き餌（小魚、エビ）、人工飼料（浮上性ペレット） ④弱酸性 ⑤可
⑥120×60×60cm水槽に1匹

成魚は濃紺と白の体色だが、幼魚期には赤みを帯びているため、この名で呼ばれる。大型化し、気が強いので、単独飼育が無難

アナバンティッドの飼い方

威嚇し合う、バイランティの若いオス。互いを傷つけるほど激しいケンカではないが、負けた個体が隠れられるエリアは用意しておこう

ベタの飼育は要注意

　闘魚として知られる改良ベタは、オス同士が激しく争い相手を殺してしまうこともあるため、複数飼育はできません。メスも同様で、繁殖時以外は別々に飼育したほうが無難です。ワイルドベタと呼ばれる原種のベタは改良ベタに比べるとおとなしいですが、一緒に飼育すると、お互いのヒレがボロボロになるくらい激しく争うため、基本的には単独で飼育します。

　改良ベタもワイルドベタも他種との混泳は可能ですが、泳ぎの素早い種類と一緒にすると餌をとれずにやせてしまうことがあります。活発な魚との混泳時は餌を食べているかよく確認し、食べられないようなら隔離して育てるのも方法です。ベタは好奇心旺盛で他の魚をかじる個体もいるので、混泳の際はよく観察することが大切。またドワーフシクリッドやグーラミィ、バジスの仲間など、姿が似ている魚とは争うため混泳は控えるようにします。

　改良ベタは弱酸性〜中性、ワイルドベタの多くは酸性〜弱酸性の水質を好みます。ワイルドベタの繁殖には酸性の水質を維持することが大切で、観賞魚用のピートモスやアーモンドリーフといった天然のアイテムを使用して水作りをすると、好結果が得られます。

グーラミィの飼育

　ゴールデンハニードワーフグーラミィなどの養殖個体は幅広い水質に順応し、他の魚との混泳水槽でも問題なく飼育できます。ただし、ペアで飼育しているとオスが泡巣を作ってなわばりを主張し攻撃的になるので、繁殖を狙う場合は他魚と隔離することをおすすめします。リコリスグーラミィやチョコレートグーラミィなどは酸性の水質を好み、また臆病なため、活発な魚がいない落ち着いた環境を用意することも大切です。

スファエリクティス・バイランティの生態を楽しむ

DATA
水槽：45×30×30cm
フィルター：スポンジフィルターと内部式の併用
底砂：ソイル
魚：スファエリクティス・バイランティ×3ペア、オトシンクルス（コケ取り目的）

やや神経質でデリケートな面があるバイランティのために、流木や水草で隠れ家を多く配置し、底には隠れ場所も兼ねて枯れ葉を沈めてみた。水質維持を考慮して、フィルターは2基を併用。バイランティは強い水流を好まないため、内部式フィルターからの出水はガラス面へ向けている。バイランティたちは、物陰を出たり入ったり、時にはじゃれあったりと、調子は良好である。本種のみで順調に飼育を続けていけば、繁殖も十分楽しめる

ナマズ
Cat Fish

ヒゲがユニークなナマズの仲間は、南極を除く全大陸に分布し、淡水域から海まで 2,400 種以上が存在します。容姿や生態もバラエティに富んでおり、水槽の主役からマスコット的なキャラクターまでこなします。コリドラスやプレコでは、コレクションするのも楽しいものです

コリドラス・アエネウス

①南米　②6cm　③人工飼料（沈下性タブレット）、冷凍アカムシ　④中性　⑤可　⑥60cm 水槽に 15〜20 匹

コリドラスはナマズ界の一大グループで、底面でちょこちょこと動く姿が愛らしい。本種は"赤コリ"とも呼ばれ、古くから知られるポピュラー種

白コリ

①改良品種　②7cm　③人工飼料（沈下性タブレット）、冷凍アカムシ　④中性　⑤可　⑥60cm 水槽に 15 匹

アエネウスのアルビノ品種。全長 7cm ほどと、ノーマルタイプよりも大型化する。コリドラスの中では、水槽内繁殖が容易

コリドラス・ステルバイ

①南米　②6cm　③人工飼料（沈下性タブレット）、冷凍アカムシ　④中性　⑤可　⑥60cm 水槽に 15〜20 匹

黒地に白いスポットや、オレンジに染まる胸ビレが美しい人気種。コリドラスのほとんどは温和なので、多種をコレクションできる

コリドラス・パンダ

①南米　②5cm　③人工飼料（沈下性タブレット）、冷凍アカムシ　④中性　⑤可　⑥60cm 水槽に 15〜20 匹

パンダ模様のかわいいコリドラス。コリドラスの中では体質が弱い面があるので（特に飼育初期）、状態の万全な個体を入手したい

インペリアルゼブラプレコ

①南米 ②10cm ③人工飼料（沈下性タブレット）、冷凍アカムシ ④中性 ⑤可 ⑥60cm水槽に5匹

シンプルながらも美しい、ゼブラ模様のプレコ。ペアを揃えれば繁殖が可能で、親と同じ容姿のベビーはたいへんかわいらしい

キングロイヤルペコルティア

独特なネットワーク模様を持つ、シングー川（ブラジル）産の種。模様は個体や産地によって異なる。繁殖例も知られている

①南米 ②10cm ③人工飼料（沈下性タブレット）、冷凍アカムシ ④中性 ⑤可 ⑥60cm水槽に5匹

タイガープレコ

黒と黄色に彩られた、小型プレコの代表種。コンスタントに入荷しており、模様のよく似た種も多い。丈夫で飼いやすく、コケも食べる

①南米 ②8cm ③人工飼料（沈下性タブレット）、冷凍アカムシ ④中性 ⑤可 ⑥60cm水槽に5～7匹

セルフィンプレコ

東南アジアでブリードされた幼魚が多く流通する。コケをよく食べるので中・大型魚水槽でのコケ取り役に適するが、美しく観賞価値も高い

①南米 ②40cm ③人工飼料（沈下性タブレット）、冷凍アカムシ ④中性 ⑤可 ⑥60cm水槽に1匹

アルビノブッシープレコ

ブッシープレコのオスは、口周りにヒゲが生えたユニークな顔で知られる。写真はアルビノタイプで、原種・アルビノともにプレコの中では水槽内繁殖が容易

①改良品種 ②15cm ③人工飼料（沈下性タブレット）、冷凍アカムシ ④中性 ⑤可 ⑥60cm水槽に1～3匹

ウルトラスカーレットトリムプレコ

①南米　②40cm　③人工飼料（沈下性タブレット）
④中性　⑤可　⑥90cm水槽に1匹

"ウルスカ"の愛称で知られる大型プレコ。細かな棘に覆われた姿と真っ赤なヒレが魅力。混泳は可能だが、気が強いので組み合わせには注意

ロイヤルプレコ

①南米　②40cm　③人工飼料（沈下性タブレット）　④中性
⑤可　⑥90cm水槽に1匹

頭でっかちなフォルム、全身を覆うラインやスポットが個性的。模様は個体差が激しい。植物質の餌を好み、流木をよくかじる

オトシンクルス

①南米　②3cm　③人工飼料（沈下性タブレット）、冷凍アカムシ　④中性　⑤可
⑥60cm水槽に15〜20匹

茶ゴケなどの柔らかい藻類を食べるので、水草水槽のコケ取り役として飼われることが多い。コケがなくなると飢えてしまうので、プレコ用飼料などを与える

オトシンネグロ

①南米　②3cm　③人工飼料（沈下性タブレット）、冷凍アカムシ　④中性　⑤可
⑥60cm水槽に15〜20匹

全身が褐色に覆われる。茶ゴケなどのコケ取り能力が高く、状態よく飼っていると繁殖も可能。体質は、オトシンクルスよりも丈夫なようだ

ゼブラオトシン

①南米　②3.5cm　③人工飼料（沈下性タブレット）、冷凍アカムシ　④中性　⑤可
⑥60cm水槽に15〜20匹

ゼブラ模様が美しく、観賞価値も高いオトシンクルス。バンドが細めでやや乱れて入るタイプのニューゼブラオトシンも存在する

ホルスタインタティア

牛のような柄で人気の小型ナマズ。夜行性で、物陰を好み、昼間は流木などの陰に隠れている。状態よく飼えば繁殖も可能

①南米 ②10cm ③冷凍アカムシ
④中性 ⑤可 ⑥60cm水槽に5～7匹

サカサナマズ

逆さになって泳ぐ魚として有名だが、水底に落ちた餌は背を上にして食べる。複数で飼うと、流木の下などに連なって泳ぎかわいらしい

①アフリカ ②7cm ③冷凍アカムシ
④中性 ⑤可 ⑥60cm水槽に5～10匹

トランスルーセントグラスキャット

透明で、骨が透けて見えるという変わった魚。また角度によっては、表面に青、赤、黄などの光沢が見られる。群れを好み、中層を漂うように泳ぐ

①東南アジア ②10cm ③冷凍アカムシ
④中性 ⑤可 ⑥60cm水槽に10匹

レッドテールキャット

顔つきの愛らしさで人気の大型ナマズ。写真のような幼魚（10cm前後）が多く流通するが、成長はかなり速く、飼育下でも水槽サイズによっては1m以上にもなる

①南米 ②120cm ③生き餌（小魚、エビ）、人工飼料（沈下性タブレット） ④中性
⑤可 ⑥180×90×60（高）cm水槽に1匹

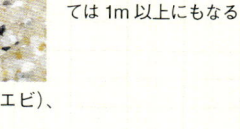

ゼブラキャット

白黒のゼブラ模様が美しい人気種。若い個体はバンドが斜めに入るが、成長につれ真っすぐ規則的なバンドへ変化する。主に20cm前後の幼魚が流通している

①南米 ②80cm ③生き餌（小魚、エビ）、
人工飼料（沈下性タブレット） ④中性 ⑤可
⑥120×60×60（高）cm水槽に1匹

デンキナマズ

発電する魚として有名。丈夫で飼いやすいが、混泳はもちろん不可。特に、大きな個体の扱いには注意したい。丈夫で、人によく馴れる

①アフリカ ②50cm ③生き餌（小魚、エビ）、
人工飼料（沈下性タブレット） ④中性 ⑤不可
⑥90×45×45（高）cm水槽に1匹

ナマズ の飼い方

冷凍アカムシを食べるコリドラスたち。食事中のコリドラスは、また一段とかわいらしい

小型種の飼育

　コリドラスやオトシンクルスなど小型のナマズは温和で、他の魚との混泳が可能なものが多くいます。たいていの種類は、弱酸性～中性付近の水質で飼育可能です。コリドラスやバンジョーキャット、ロリカリアなどの常に水底にいる種類は底砂の汚れに敏感で、汚れが目立つようになると病気にかかりやすくなります。そこで換水時には、底床クリーナーを使用して底床を清潔に保つことがポイントになります。

　水底で生活する種類は他魚と混泳させると餌不足になることがあるので、ナマズ用の沈下性フードを与えるなど、餌やりに工夫をしましょう。また、肉食傾向の強い種類には餌用の魚の他、冷凍飼料も有効です。プレコなどの草食傾向が強い種類にはプレコ専用のフードの他、流木などを餌として与えるとよいでしょう。

魚食性ナマズに注意

　中～大型種には、魚を食べる魚食性の種類が多くいます。このような種類と他の小型魚を一緒に飼育すると、食べられてしまいます。また、チャカの仲間などは小さな魚を待ち伏せし、大きな口で吸いこんでしまうため、口の大きいナマズと小型魚は混泳を控えます。

大型種は計画的に

　レッドテールキャットなどの大型種も人気が高いのですが、飼育するには超大型の水槽が必要となります。餌の量も多くなり水を汚すので、大型のフィルターを設置し、こまめに換水することも必要です。

　大型種は幼魚で売られていることも多く、大きくなるとは知らずに購入してしまうと、やがて持て余してしまうことになります。購入する前に最大サイズをよく調べて、計画的に飼育しましょう。

コリドラスのコレクションを楽しむ

DATA
水槽：60×30×36（高）cm
フィルター：上部式
底砂：川砂
魚：コリドラス・ステルバイ×3、コリドラス・トリリネアートゥス×4、コリドラス・アルクアトゥス×3

コリドラスのほとんどは温和なので、多種をコレクションすると楽しく、それこそがコリドラス飼育の醍醐味とも言える。ここでは高さ36cmの一般的な60cm水槽を用いたが、コリドラス飼育に高さは不要なので、ランチュウ用の背の低い水槽でも問題ない。ただし、背が高い方が上層へ小型テトラなどを泳がせたり、水量が多いぶん水質が悪化しにくいというメリットはある。この水槽はセットして間もないためコリドラスの数は控えめにしているが、1ヵ月以上経って水質が落ち着けば20～30匹飼育可能

その他の魚
Others

ダトニオやレインボーフィッシュ、フグなど、ここまでのカテゴリに入らない魚たちを紹介します。種によっては、塩分を入れた汽水で飼育する必要があります。飼育魚に応じて、快適に生活できる環境を用意しましょう

ダトニオイデス・プルケール

①東南アジア ②60cm ③生き餌（小魚、エビ）、人工飼料（浮上性ペレット） ④中性 ⑤可 ⑥180×60×60cm水槽に3～5匹

ダトニオの仲間は、黄色や褐色のボディに明瞭な黒バンドが入る。本種は、その最大種。いずれも酸欠には弱いので、強めのエアレーションが必須

ネオンドワーフレインボー

①オセアニア ②7cm ③人工飼料（顆粒、フレーク）、冷凍アカムシ ④中性 ⑤可 ⑥60cm水槽に10匹

レインボーフィッシュの代表種。美しいだけでなく、丈夫で飼いやすいのも魅力。ヒレの色は、オス（写真）は赤、メスは黄色

スカーレットジェム

①東南アジア ②2cm ③人工飼料（顆粒）、イトミミズ、ブラインシュリンプ ④弱酸性 ⑤可 ⑥30cm水槽に5匹

赤いバンド模様に赤いヒレを持つ、インドの宝石。水草を植えて落ち着ける環境を用意することと、小さな餌を与えることが大切。繁殖も可能

バジス・バジス

①東南アジア ②5cm ③人工飼料（顆粒）、冷凍アカムシ ④弱酸性 ⑤可 ⑥45cm水槽に5匹

興奮時などに体色を変えることから"カメレオンフィッシュ"の別名を持つ。発情したオスの青い発色は、見応え十分。繁殖例も多い

カラーラージグラス

①改良品種 ②6cm ③人工飼料（顆粒）、冷凍アカムシ ④弱アルカリ性 ⑤可 ⑥60cm水槽に5～10匹

東南アジアに広く分布するラージグラスに、人工的な手法でカラフルな色素を注入した品種。飼育は容易で、人工飼料もよく食べる

アベニーパファー

世界最小の淡水フグ。水草を多めに入れれば、本種同士の混泳は可能。また、小型テトラなど他の魚を多数泳がせるのも、本種同士での争い緩和につながる。繁殖例も多い

①東南アジア ②3cm ③冷凍アカムシ ④中性 ⑤可 ⑥45cm水槽に10匹

ミウルス

ユーモラスな顔つきで人気の淡水フグ。小魚やエビなどの生き餌を好み、砂に潜って待ち伏せする。慣らせば人工飼料を食べることもある。気が強いので単独飼育が基本

①アフリカ ②15cm ③生き餌（小魚、エビ）、冷凍アカムシ ④中性 ⑤不可 ⑥45cm水槽に1匹

南米淡水フグ

愛嬌がある顔つきの淡水フグ。活発でよく泳ぐが、フグの中では温和。歯が伸びやすいので、石や貝を入れてかじらせるとよい

①南米 ②10cm ③人工飼料（浮上性ペレット）、クリル、冷凍アカムシ ④中性 ⑤可 ⑥45cm水槽に3匹

ミドリフグ

最もポピュラーな汽水フグで、人によく馴れ、ペット的な付き合い方もできる。本種同士では争うので、きれいに育て上げるなら単独飼育が無難

①東南アジア ②15cm ③人工飼料（浮上性ペレット）、クリル、冷凍アカムシ ④汽水 ⑤可 ⑥60cm水槽に5匹

ムブ

①アフリカ ②70cm ③生き餌（小魚、エビ）、人工飼料（浮上性ペレット） ④中性 ⑤可 ⑥120×60×45（高）cm水槽に1匹

独特の唐草模様が美しい、大型の淡水フグ。流通するのは10cmほどの幼魚が多い。本種同士での混泳例もあるが、単独飼育が無難

ゴールデンデルモゲニー

金属的な光沢に覆われる、サヨリの仲間。表層を泳ぎ、強い水流は苦手。本種同士で争うことがあるので、水草を浮かべ逃げ場を作るとよい。稚魚を産み落とす卵胎生魚。淡水で飼育可能

①東南アジア ②7cm ③人工飼料（フレーク）、冷凍アカムシ ④中性 ⑤可 ⑥45cm水槽に5匹

ゼブラアーチャーフィッシュ

口内に貯めた水を勢いよく発射し、昆虫などを撃ち落として捕食するテッポウウオの仲間。純淡水で飼育可。飛び出し防止のフタは必須

①東南アジア ②15cm ③生き餌（小魚、エビ、コオロギ）、クリル ④弱アルカリ性 ⑤可 ⑥60cm水槽に2〜3匹

バンブルビーゴビー

ハチのような色模様と、コミカルな動きがかわいらしいハゼ。性質は温和で飼いやすいが、塩分を入れた汽水での飼育が基本

①東南アジア ②3.5cm ③冷凍アカムシ ④汽水 ⑤可 ⑥45cm水槽に5匹

マッドスキッパー

干潟や河口の汽水域に生活している。魚なのに水を好まず、陸地が必要。よく馴れた個体は、餌を見せると手に乗ってきて食べる。トビハゼの名でも呼ばれている

①東南アジア ②5cm ③冷凍アカムシ ④汽水 ⑤可 ⑥45cm水槽に5匹

リーフフィッシュ

枯葉に擬態して、身を守ると同時に餌を待ち伏せして一気に飲み込む。流木や枝をレイアウトし、本種のみで飼うのが楽しい

①南米 ②10cm ③生き餌（小魚、エビ） ④弱酸性 ⑤可 ⑥60cm水槽に5匹

ブラックゴースト

容姿の不思議さだけでなく、ゆらゆらと泳いだり、横になって寝るというユーモラスな生態も魅力。慣らせば人工飼料も食べる。単独飼育が無難

①南米 ②30cm ③生き餌（小魚、エビ）、冷凍アカムシ、人工飼料（沈下性タブレット） ④弱酸性 ⑤不可 ⑥60cm水槽に1匹

その他 個性派 の 飼い方

餌（ここでは冷凍アカムシ）は別の容器に入れてから与えると、食べ残しが出ても掃除しやすい

様々なタイプが揃う小型種

レインボーフィッシュやスカーレットジェムなど、美しく個性的な魚はたくさんいます。種類によって好む水質は弱酸性〜弱アルカリ性と様々なため、それぞれの種類に適した水質を維持し、混泳の際は同じ水質を好む種類を組み合わせましょう。

リーフフィッシュのように、一見動きが遅くておとなしそうに見えても待ち伏せタイプの魚食性だったり、ブラックゴーストなどはユーモラスな外見でも、大きくなると小魚を食べることがあるので混泳には注意します。

ハゼの仲間やフグの仲間には、塩分の混じった汽水域に生息する種類も多いので、飼育の際は汽水を用意するなど、それぞれの生態に合った水作りを行ないましょう。

汽水魚には塩分が必要

川の河口や潮の影響のある汽水域に生息するミドリフグなどは、塩分を含んだ汽水での飼育が適しています。塩分濃度は海水の1/3〜1/2（飼育水1ℓに対して約12〜18gの人工海水の素を溶かす）を目安とします。塩分濃度の多少の変動は問題ありませんが、水が古くなると調子を崩すことがあるので、定期的に新鮮な汽水で換水しましょう。フィルターはどんなものでもよいですが、ろ材には水質を弱アルカリ性にするものや、サンゴ砂などを使用すると汽水魚が好む水を維持しやすくなります。

大型種の飼育

ダトニオなどの大型種は、アロワナなどの古代魚と同様の飼育方法で問題ありません。種類のサイズに適した大型水槽と、ろ過能力の高い大型フィルターを使用し、定期的な換水で水質を清浄に維持します。混泳時には個体間の力関係を把握して、いつでも隔離できる準備をしておくことも大切です。

トビハゼが遊ぶ汽水のアクアテラリウム

DATA
水槽：60×30×36（高）cm
フィルター：投げ込み式
底砂：サンゴ砂
水質：汽水
魚：マッドスキッパー×10

「アクアテラリウム」とは、水中と陸地を備えた水槽のこと。ここでは、陸地をピョコピョコと飛び跳ねるマッドスキッパー（トビハゼ）のために、水と陸とを半分ずつ設けている。陸地は、石組みで作った砂止めに、サンゴ砂を盛ることで再現。水位が低いためフィルターは投げ込み式だが、パイプを短くカットした底面式も使用できる。顔つきや動きがかわいらしいマッドスキッパーは、見ていて飽きず、見る者を惹きつける

古代魚
Ancient Fish

数億年前から、その姿をほとんど変えずに現代を生きる魚たちを、アクアリウムの世界では古代魚と呼びます。アロワナ、ガーパイク、ポリプテルスなどいずれも特徴的な形態を備えており、このような古代のロマンを感じさせる生き物と暮らすことができるのは、アクアリウムならではとも言えるでしょう

シルバーアロワナ

①南米　②100cm　③生き餌（小魚、エビ、昆虫）、人工飼料（浮上性ペレット）　④中性　⑤可　⑥180×90×60（高）cm水槽に1匹

最もポピュラーなアロワナ。流通するのは15cmほどの幼魚が多いが、成長は速い。狭い水槽で飼うと体形がゆがみやすいので、大型水槽を用意したい

ブラックアロワナ

①南米　②80cm　③生き餌（小魚、エビ、昆虫）、人工飼料（浮上性ペレット）　④弱酸性　⑤可　⑥120×60×60cm水槽に1匹

幼魚の体色が黒みを帯びることからこの名で呼ばれるが、成長につれ、ウロコは青、緑、ピンクなどの色みへ変化する。他のアロワナに比べると性格も体質もデリケート

アジアアロワナ（紅龍）

①東南アジア　②70cm　③生き餌（小魚、エビ、昆虫）、人工飼料（浮上性ペレット）　④中性　⑤可　⑥150×60×60cm水槽に1匹

熱帯魚の中で、最も高価なことでも有名アジアアロワナ。東南アジアのファームで養殖されたものが流通しており、体色は様々。写真のような赤い個体は紅龍と呼ばれる

アジアアロワナ

①東南アジア　②60cm　③生き餌（小魚、エビ、昆虫）、人工飼料（浮上性ペレット）　④中性　⑤可　⑥150×60×60cm水槽に1匹

金色の発色が魅力のアジアアロワナ。紅龍に比べると、やや小型で、神経質な面が見られる。金色の濃さは個体によって様々

ノーザンバラムンディ

①オセアニア　②50cm　③生き餌（小魚、エビ、昆虫）、人工飼料（浮上性ペレット）　④中性　⑤不可　⑥120×60×60cm水槽に1匹

全体に渋い金属光沢を発する、オセアニア産のアロワナ。丈夫で飼いやすいが、気が強いため単独飼育が無難。10cmほどの幼魚が流通する

スポッテッドガー

①北米　②60cm　③生き餌（小魚、エビ）、人工飼料（浮上性ペレット）　④中性　⑤可　⑥120×60×60cm水槽に1匹

最もポピュラーなガーパイクで、幼魚が多く流通する。丈夫で飼いやすいが、ガーパイクはいずれも体が硬いので、奥行きのある水槽を用意したい

非常に珍しい、アリゲーターガーのプラチナ個体（体色変異個体）。神々しさを感じさせるほどの美しさ

アリゲーターガー

①北米、中米　②100cm以上　③生き餌（小魚、エビ）（ペレット）　④中性　⑤可　⑥180×90×60（高）cm水槽に1匹

自然下では200cm以上にもなるという超大型魚。飼育下では水槽サイズにある程度順応し、奥行き90cm程度の水槽でも長期飼育例がある

ポリプテルス・エンドリケリー

①アフリカ　②60cm　③生き餌（小魚、エビ）、人工飼料（沈下性タブレット）　④中性　⑤可　⑥120×45×45cm水槽に3～5匹

大型ポリプテルスの代表種。成長は速く、数cmほどの幼魚が半年で40cmを超えることも珍しくない。ポリプテルスはいずれも、丈夫で飼いやすく混泳も可能

ポリプテルス・デルヘッジィ

①アフリカ　②40cm　③生き餌（小魚、エビ）、人工飼料（沈下性タブレット）　④中性　⑤可　⑥60cm水槽に1～3匹

グレーの地色に黒いバンドが入り、精悍な印象のある人気種。バンド模様には個体差がある。長年飼い込むと、個体によっては体色が緑がかってくる

プロトプテルス・アンフィビウス

①アフリカ ②40cm ③生き餌（小魚、エビ）、人工飼料（沈下性タブレット） ④中性 ⑤不可 ⑥60cm水槽に1匹

ハイギョの仲間は魚とは思えない容姿を持ち、空気呼吸ができるのも特徴。本種はハイギョの最小種で、よく泳ぎ回る。ハイギョ類はいずれも顎の力が強いので、ネオケラトドゥス以外は単独飼育が基本

ネオケラトドゥス

①オセアニア ②100cm ③人工飼料（ペレット、沈下性タブレット） ④中性 ⑤可 ⑥180×60×60（高）cm水槽に1匹

大型のハイギョで、オーストラリアでブリードされた個体が流通している。つぶらな瞳がかわいらしく、よきペットフィッシュにもなる。成長は遅い

ピラルクー

①南米 ②200cm ③生き餌（小魚）、人工飼料（浮上性ペレット） ④中性 ⑤可 ⑥180×90×60（高）cm水槽に1匹

自然下では200cmを超す超大型魚。飼育下ではある程度水槽サイズに順応するが、水族館クラスの水槽が理想ではある。ジャンプ力が強いため、飛び出しに注意

スポッテッドナイフ

①東南アジア ②60cm ③生き餌（小魚） ④中性 ⑤可 ⑥90cm水槽に1匹

肩から極端に盛り上がった、長刀のようなフォルムが特徴。体は柔軟で、魚類にしては珍しく後退もできる。一般には温和だが、まれに気が荒い個体もいる

モトロ

①南米 ②60cm ③生き餌（小魚、エビ）、人工飼料（沈下性タブレット） ④中性 ⑤可 ⑥90cm 水槽に1匹

淡水エイの代表種。ベージュ色のベースにオレンジスポットが入るが、模様は個体によって様々。淡水エイの中では丈夫で飼いやすく、繁殖例も珍しくない

ポルカドットスティングレイ

①南米 ②80cm ③生き餌（小魚、エビ）、冷凍エビ ④中性 ⑤可 ⑥120×60×60cm 水槽に1匹

黒地にホワイトスポットという美しさで人気。スポットの数には個体差があり、多いものほど好まれる。モトロより大型化するが、水槽内繁殖も可能

エレファントノーズフィッシュ

①アフリカ ②20cm ③冷凍アカムシ ④中性 ⑤可 ⑥45cm 水槽に1匹

身体から電気を発し、餌を探したり仲間とのコミュニケーションに用いる。本種同士では争うので、混泳させるなら小型のカラシンやバルブなどが適する

バタフライフィッシュ

①アフリカ ②12cm ③冷凍アカムシ ④中性 ⑤可 ⑥45cm 水槽に5匹

トビウオのような大きな胸ビレを持ち、表層を泳ぐ。餌は、水面に冷凍アカムシを浮かべたり、コオロギのような昆虫を与えるとよい。ジャンプ力が強いため、フタは必須

ベステルチョウザメ

①改良品種 ②100cm ③冷凍アカムシ、人工飼料（沈下性タブレット） ④中性 ⑤可 ⑥120×60×60cm 水槽に1匹

キャビアをとるために作出された交雑種。適水温は20℃なので、夏場でも水温は25℃以下を保ちたい。強めのエアレーションも必要

古代魚の飼い方

大型種の飼育

アロワナやガーパイク、大型のポリプテルスなどは幼魚で売られていることも多いです。サイズが小さいうちは小さめの水槽でも飼育可能ですが、成長にしたがって大きな水槽を使用し、成魚には超大型の水槽を用意します。水槽が巨大であれば複数での混泳も可能で、古代魚たちが乱舞する光景は、まるで水族館にいるかのようです。

大型種は餌をたくさん食べるため水を汚しがちで、水が汚れると水質が極端な酸性に傾き、魚が調子を崩すことがあります。そこで、大型種を複数飼育する場合は、能力の高いフィルターを用意するだけでなく、定期的な換水で水質を清浄に保つようにしましょう。

大型種飼育では、メンテナンスのしやすさから底砂を敷かない場合もあります。底砂を敷く場合、底砂が汚れていると水底を住み家とするポリプテルスなどは調子を崩すことがあるので、こまめに掃除をしましょう。

小型〜中型種は同サイズで揃えよう

バタフライフィッシュやエレファントノーズの仲間などは、45cmクラスの水槽で飼育可能です。他種との混泳も可能ですが、しっかりと餌がいき渡るように、気を配ることも大切です。古代魚の中には意外に動きが鈍く餌摂りが下手な種類もいるため、餌やり時にはよく観察しましょう。

淡水エイは水質急変に注意

基本的な飼育は大型種と同様でよいのですが、水底にいることがほとんどなので、底面積の広い水槽を使用します。また、エイの仲間は水質の急変に非常に弱い面があります。購入後の水槽導入時や、他の水槽へ移動する時などは、エアチューブと一方コックなどを使用して、"点滴法"で時間をかけて水合わせをしましょう。

大型古代魚中心の迫力水槽

DATA
水槽：200×100×80（高）cm
フィルター：オーバーフローシステム
底砂：なし
魚：アジアアロワナ×6、プラチナブラックアロワナ×2、シルバーアロワナ、トロピカルジャイアントガー×2、オセレイトスネークヘッド×2、ライヤモンドポルカドットスティングレイ×1ペア

魚の複数飼育は楽しいが、大型魚を多く飼うとなるとかなりの大きさの水槽が必要となる。この例では、幅200cmという巨大水槽に、大型の古代魚を中心に混泳させている。魚はいずれも肉付きがよく、ケガも見られない。魚同士の相性が良ければ、こんな迫力十分の光景を楽しむこともできるのだ

シュリンプ
Shrimp

アクアリウム界でのエビ類は、古くは主にコケの掃除屋さんとして親しまれていました。しかし現在では、美しく繁殖が容易なレッドビーシュリンプを中心に、主役として楽しまれる種が増えています。毎年様々な改良品種が作出されており、目を離せないジャンルと言えるでしょう

レッドビーシュリンプ

①改良品種　②2～3cm　③人工飼料（エビ用飼料）
④弱酸性　⑤可　⑥30cm水槽に10～20匹

紅白の体色が美しいシュリンプで、国内で作出された。模様は個体によって異なり、自分好みのものを作出する楽しみもある。シュリンプブームの火付け役となっただけでなく、その後もトップの人気を保っている

ビーシュリンプ

①東アジア　②2～3cm　③人工飼料（エビ用飼料）
④弱酸性　⑤可　⑥30cm水槽に10～20匹

レッドビーの作出にはいくつかの原種が元になっており、本種はそのひとつ。原種ビー、レッドビーともに高水温に弱いので、水温は25℃以下に抑えるのが理想

ブラックシャドー

①改良品種　②2～3cm　③人工飼料（エビ用飼料）
④弱酸性　⑤可　⑥30cm水槽に10～20匹

台湾で作出された品種で、光沢の強い甲羅が美しい。模様には様々なパターンがあり、写真のように白地が青みがかる個体もいる

レッドシャドー

①改良品種　②2～3cm　③人工飼料（エビ用飼料）　④弱酸性
⑤可　⑥30cm水槽に10～20匹

ブラックシャドーの赤いタイプ。レッドビーに比べると白みが濃く、また赤みは透明感がある濃いワインカラーとなっている

ターコイズシュリンプ

①改良品種　②2～3cm
③人工飼料（エビ用飼料）
④弱酸性　⑤可
⑥30cm水槽に10～20匹

ブラックシャドーの一系で、全身が独特の青に染まる。青みには個体差があり、濃いものほどよいとされる。また青みは、体調や成長段階により、変化することもある

ブラックダイヤモンドシュリンプ

全身がツヤのある黒（やや褐色がかっている）に染まる改良品種。目が金色に輝く「ゴールデンアイブラックダイヤモンド」も存在する

①改良品種　②2～3cm　③人工飼料（エビ用飼料）
④弱酸性　⑤可　⑥30cm水槽に10～20匹

レッドチェリーシュリンプ

日本に生息するミナミヌマエビに近い種で、明るい赤みが特徴のポピュラー種。丈夫で、飼育繁殖が容易なのも魅力

①台湾　②2～3cm　③人工飼料（エビ用飼料）
④弱酸性　⑤可　⑥30cm水槽に10匹

イエローチェリーシュリンプ

レッドチェリーから生まれた黄変個体を固定したもの。爽やかな黄色は、水槽内でもよく目立つ。飼育繁殖ともに容易

①改良品種　②2～3cm　③人工飼料（エビ用飼料）
④弱酸性　⑤可　⑥30cm水槽に10匹

ブルーベルベットシュリンプ

台湾産の改良シュリンプで、2012年に初入荷した。透明感がある青みが美しい品種で、複数のエビが元になっていると思われる

①改良品種　②2～3cm　③人工飼料（エビ用飼料）
④弱酸性　⑤可　⑥30cm水槽に10匹

小型シュリンプ類の飼い方

サイズ違いのレッドビーが並ぶと、実に微笑ましい

飼育の基本

レッドビーシュリンプなどのヌマエビの仲間は全長が2〜3cmと小さく、小型の水槽から飼育を楽しむことができます。飼育水は、弱酸性の軟水を維持することが大切です。シュリンプの飼育ではソイルなどの底砂を使用することが一般的で、弱酸性の水質を維持しやすく、また砂粒がシュリンプの餌になるメリットもあります。

ろ過は水質維持に重要で、底面式や外部式、外掛け式フィルターがよく使用されます。水質をアルカリ性にするろ材やサンゴ砂などは適していないので、使用を控えましょう。

また、水槽内にはシュリンプの隠れ家となる流木や土管などのアクセサリを入れたり、ウイローモスやミクロソリウムなどの水草を入れると、水質の維持にも役立つのでおすすめです。

水温管理が重要

レッドビーシュリンプの仲間は、高水温と酸欠に特に弱い面があります。そのため水温を常に23〜26℃に保ち、エアレーションをするなどの工夫をするとよいでしょう。夏場は高水温によりシュリンプがダメージを受けたり死んでしまうこともあるので、水槽用の冷却クーラーを利用したり、エアコンで室温管理するなどして、適温を保つようにします。

繁殖について

好環境で複数を一緒に飼育していれば、やがてメスが抱卵しますが、他に魚などが同居していると、ふ化後の稚シュリンプは食べられてしまいます。確実に殖やすには、シュリンプだけで飼育しましょう。最適な水質の維持と十分な餌やりで、メス親をしっかりと育てることも繁殖のポイントです。

レッドビーシュリンプの繁殖を重視

DATA
水槽：60 × 30 × 36（高）cm
フィルター：底面式
底砂：ソイル
魚：レッドビーシュリンプ × 70〜80匹

レッドビーシュリンプの観賞ではなく、繁殖に重点を置いた水槽例。レッドビー飼育では定番となるソイルを敷き、フィルターは底面式。レッドビーの足場や新芽が餌にもなる水草は、丈夫なウイローモス、ナヤス、パールグラスを選択。水草の数は控えめながらも、順調に繁殖を続ける大小のレッドビーが、楽しげな光景を創り出している

華やかで安全な混泳水槽を作るために
魚の組み合わせのコツ

様々な種類の熱帯魚を同じ水槽で泳がせるのは、アクアリウムの醍醐味のひとつです。ただしカタログでも触れたように、魚種によっては混泳に不向きなものもいます。また本来は混泳可能な魚種でも、相手選びを間違えるとうまくいきません。ここでは、魚を組み合わせる際に注意すべきポイントについてまとめてみました

泳ぐ層が異なる魚を組み合わせるのも、混泳がうまくいくポイントになる。この水槽では、❶水面直下を泳ぐマーブルハチェット、❷上層で繁殖行動をとるパールグーラミィ、❸中層を泳ぐロージィテトラ、ブラックファントム、グラスブラッドフィン、❹底層で繁殖行動をとるペルヴィカクロミス・プルケールを組み合わせている

■ 成魚のサイズを知ろう

大型魚の稚魚や幼魚は、最初は小型魚と混泳できていても、成長すると食べてしまうことがあります。また意外なところでは、成長したエンゼルフィッシュがネオンテトラを食べてしまう例もあります。サイズが大きく異なる魚同士の混泳は、なるべく避けるようにしましょう。

■ 食性・水質の違い

魚食傾向が強い魚は、同居している魚を餌として認識してしまうことがあります。また、小型でも動物質の餌を専食するような種類（フグなど）は、他の魚との混泳が難しい場合もあります。プレコのように草食傾向が強い魚は、動物食性の魚が多い水槽で飼うと餌不足になったり、栄養バランスが偏ることがあるので、植物質の餌をこまめに与えるなどの工夫が必要です。

適正な水質が異なる魚の組み合わせも厳禁です。水質が合わないほうの魚にとっては負担となり、寿命を縮めてしまいます。

■ 夜行性と昼行性

多くの魚は昼行性ですが、中には暗くなってから泳ぎ回ったり餌を食べ始める夜行性もいます。ナマズ類などによく見られ、寝ている魚のストレスになるだけでなく、寝ている魚を襲うこともあるので、無理な混泳は控えたほうがよいでしょう。

混泳要注意の魚・グループ

この表では、やや癖があり、混泳に失敗しがちな魚・グループと、その対処法をまとめました。ここに出ていない魚種でも、場合によってはケンカをしてしまうこともあるので、迷った場合は混泳させないほうが無難です

特徴	主な種類	習性	対処方法
汽水を好む魚	ミドリフグ、ハチノジフグなどの汽水魚	潮の影響のある汽水〜海水に生息	淡水魚との混泳は不可。塩分を含んだ汽水で飼育しよう
餌取りが素早い魚	ダニオなどコイの仲間、小型カラシン	動きの素早いダニオの仲間は、餌を独り占めして肥満になり、逆に動きの遅い同居魚はやせてしまう傾向にある	餌を広範囲にまく、沈下性の大きめの餌を与えるなどして、多数の魚が餌を食べられる工夫をする
いばる個体と弱い個体	シクリッドの仲間、カラシンの仲間、メダカの仲間	なわばりを主張する魚は、いばる個体が出てくる。温和な種類でも、同種間ではいばることもある	シクリッドや一部の卵生メダカなどのなわばりを持つ魚は、繁殖時以外は同種同士での飼育を回避。カラシンやメダカなどは同種を多めに飼育する
おとなしく見えても気が強い魚	一部のボティアなどのドジョウの仲間など	一部のボティアの仲間はやや大きくなり、小型魚を捕食することもある	種類の特徴を知ること。幼魚で売られていることも多いので、成魚のサイズも要チェック
おとなしく見えても魚食魚	フグの仲間、ライオンフィッシュ、ストーンフィッシュ、大型ハゼなど	フグは好奇心旺盛で、他の魚をかじることも。ライオンフィッシュ、大型のハゼは他の魚を食べる	小型魚との混泳は避け、単種や単独で飼育しよう
ウロコやヒレをかじって食べる魚	アフィオカラックス・パラグアイエンシス、エクソドン、カンディルの仲間	観賞魚用の餌も食べるが、本来の習性は他魚のウロコやヒレを専食する	他種との混泳は避けたほうが無難だが、種類によっては餌が豊富な環境ではウロコやヒレを食べないこともある。肉食のカンディルは他種との混泳は避ける
同種同士で激しく争う魚	ベタの仲間	トラディショナルベタやショーベタは「闘魚」とも呼ばれ、オス同士は相手が死ぬまで戦う	オス同士はもちろん、繁殖時以外はメスとの混泳も避ける。姿が似ている魚とも激しくケンカするが、小型のコイなどには無関心で、混泳が可能な場合も多い
大型魚の幼魚	大型ナマズや大型カラシン、古代魚の仲間など	アロワナやハイギョ、ポリプテルス、大型ナマズなどは幼魚で売られていることもあるが、成長にしたがい小型魚を捕食する	小型魚との混泳は避け、同サイズの魚と混泳させる。ハイギョやデンキナマズなどは基本的に混泳不可

■ 混泳に"絶対"はない

　同じ種類の魚でも、気が強かったり弱かったりと個体によって性格が異なることもあるので、この混泳なら絶対うまくいく、というものではありません。また、一緒にしたとたんにケンカを始めることもあるので、別の水槽を用意しておくなど、分けられる状況を整えておくことも大切です。

　しかし、試行錯誤してうまく折り合いをつけることで、魚たちがイキイキと泳ぐ楽しい混泳水槽をつくることもでき、それもアクアリウムの楽しみといえます。

魚から飼い主へのプレゼント！
繁殖を楽しもう

熱帯魚を状態よく飼っていると、繁殖することがあります。繁殖は、その魚に対して環境が整っていることの証とも言えるでしょう。ここでは、繁殖が比較的容易に楽しめる魚について、繁殖のコツを紹介します。自然界と同じシーンを目の前で見ることができるのは、アクアリストならではの贅沢と言えるでしょう

● グッピー

グッピーは、飼育していれば自然と子どもが生まれているほど繁殖は容易です。ただし、より確実に殖やすには多少のコツも必要です

グッピーの雌雄の特徴

オス
ボディはスマートで、体全体に発色が見られる。しりビレ（矢印先）交接のためにトゲ状に変形しており、ゴノポディウムと呼ばれる。背ビレは大きい。尾ビレの形状は品種によって様々

メス
ボディにはほとんど色が乗らない（写真はオスと同じ品種）。出産が近づくと腹部は大きく膨らむ。背ビレはオスに比べ小さく、色みは少ない。尾ビレもオスに比べ小さく、丸みを帯びていることが多い

産仔の目安 妊娠マーク
産仔が近づき、お腹が大きく膨れたメス。矢印先は妊娠マークで、よく見るとお腹の中にふ化した稚魚の眼を見ることができる。こうなると2〜3日で産仔する

■ 混泳水槽でも繁殖可能

グッピーやプラティは、卵がお腹の中でふ化し、稚魚を出産することから胎生メダカの中でも卵胎生メダカと呼ばれます。カラフルで人気が高く、初心者でも繁殖まで楽しめる、おすすめの魚たちです。ここでは、中でも大人気のグッピーに焦点を当てて解説していきます。

オスとメスの判別方法は容易です。オスはメスよりも体が小さく、背ビレや尾ビレは大きく色彩はカラフルです。オスのしりビレは、ゴノポディウムというトゲ状の生殖器官となっています。一方メスはオスよりも体が大きく、色彩は地味です。オスとメスを一緒に飼育していると交接して、やがてメスは抱卵します。卵はお腹の中で発生が進み、1ヵ月ほどでふ化して稚魚を出産します。

卵はメスのお腹で保護されるので、他魚との混泳水槽でも繁殖可能です。いつの間にか出産していて、かわいい稚魚が泳いでいた！　ということもよくあります。

■ 確実に繁殖させる

多数の魚が同居する混泳水槽では、せっかく生まれた稚魚は他の魚ばかりでなく、メス親にも食べられてしまうことがあります。そこで確実に稚魚を得るには、以下の方法がおすすめです。

❶メスを出産用水槽に移動して管理

出産用の水槽でメスを飼育して、安心して出産させる方法です。出産用の水槽は幅30cmほどの小型水槽でよく、投げ込み式フィルターや保温器具などをセッティングします。この時にメインの水槽から水を5ℓほど移すと、水槽の環境が整いやすくなります。底砂は敷かなくても問題ありません。出産後の稚魚が隠れることができるように、ウイローモスなどの水草を水槽の底に敷き詰めます。

出産用の水槽は、メスの出産前にあらかじめ用意し

子どもの育成水槽例

グッピーの子どもは、親と分けて育てる。水槽サイズは、子どもの成長具合に合わせて大きくしていこう。写真は30cmキューブ水槽を用いた育成例で、定期的に給餌するため自動給餌器を使用している

産後間もないグッピーの稚魚。まだ色みはなく、あどけない表情を見せる。すでに自由に泳ぐことができ、間もなく餌を食べるようになる

ベビーフードは、粒が細かくやわらかいので食べやすい

子どもを産みそうなメスを産卵箱に入れるタイミングは、妊娠マークが現れてからがよい

ておくのがポイントです。また、出産後はメスをいつまでもそのままにしておくと稚魚を食べてしまうことがあるので、すみやかにメイン水槽に戻しましょう。出産用水槽は、そのまま稚魚の育成用水槽として使うことができます。

❷専用ケースで出産させる

観賞魚用の産卵・出産用ケースには、水槽内にセットするタイプと、外に掛けるタイプがあります。ケースの中には稚魚だけが落ちるように、隙間の空いた間仕切りプレートをセットできる専用ケースもあるので便利です。ケースは小さいものが多く、この中で長期間飼育するのはメスにとってはストレスになることもあるため、出産が迫ったタイミングでケースに移すとよいでしょう。出産後はメスをメインの水槽に戻し、稚魚は育成用の水槽に移します。

■ 出産のタイミングを知る

卵が順調に育つと、メスのお腹ははちきれんばかりに大きくなります。やがてメスのしりビレの付け根付近に、ふ化直前の稚魚の目が見えるようになると、出産は間近です。この頃を見計らって、出産ケースや出産水槽に移します。環境が変わると、すぐには出産しない場合がありますが、やがて出産にいたることでしょう。

■ 稚魚の育成

稚魚は、しばらくすると泳ぎ回るようになり餌を食べ始めます。初期の餌は、ふ化直後のブラインシュリンプ幼生（P96参照）やベビーフードなどを与え、成長にしたがって親と同じ餌に切り替えていきます。

稚魚の頃に餌不足になると発育が悪くなったり、美しくならないこともあります。稚魚から幼魚の頃は、お腹が膨らむくらいたっぷりと餌を与えます。毎日2回以上、こまめに給餌をして順調な成長を促しましょう。

● ベタ・グーラミィ

アナバンティッドの仲間にも、繁殖が楽しめる種が揃っています。泡巣を作ったり、口内保護するなどのおもしろい生態を、ぜひ観察してみましょう

ベタ・スプレンデンスの繁殖

原種ベタのポピュラー種、スプレンデンス種の繁殖の流れを追ってみよう。なお、改良ベタも同様の繁殖行動を行なう

1. 産卵行動を見せるペア。オスは体を曲げ、メスを巻きつけるようにして放精する。

■ 興味深い繁殖形態

　ベタやグーラミィの仲間は、泡巣を作って産卵するバブルネストビルダーと、口の中で卵や稚魚を保護するマウスブルーダーが存在します。グーラミィの仲間は、混泳水槽でも産卵することがよくありますが、混泳水槽ではせっかく産んだ卵や稚魚は食べられてしまうため、確実に殖やすには繁殖用の水槽を用意しましょう。

　繁殖用水槽は親魚のサイズに合わせて選び、小型種であれば幅30cmクラスでも十分です。繁殖用水槽では飼育時と同じ水質にして親魚を導入します。

■ バブルネストビルダーの繁殖

　改良ベタやグーラミィの仲間はオスが粘性のある泡を口から吐き出し、水面や水草の葉裏などに泡巣を作ります。泡巣を作る場所や大きさは種類により様々で、水底近くに小さな泡巣を作る種類もいます。

　オスは泡巣を完成させると、ヒレを広げてメスに求愛します。この時にメスが抱卵していないとオスが攻撃することがあるので、よく観察して産卵にいたらなければ、オスとメスを引き離しましょう。メスがオスを受け入れれば、オスはメスを抱き産卵、放精が行なわれます。一連の行動は、魚とは思えないほど情熱的なものです。

　産み落とされた卵はオスがくわえて泡巣に収納し、ふ化するまで泡巣の周囲をパトロールします。卵は2～3日でふ化し、稚魚はお腹の卵黄を吸収するまで泡巣にぶら下がっています。卵黄を吸収して自由に泳げるようになるとオスは保護を止めるので、すぐに他の水槽に移しましょう。一緒にしておくと、オスは稚魚を食べてしまうので注意します。

　グーラミィの仲間の稚魚は小さく、たいていは初期飼料としてブラインシュリンプ幼生を食べられないため、ベビーフードをさらに細かくしたものや、卵の黄

2.
オスが受精後の卵をくわえて、泡巣に埋め込んでいるところ

3.
泡巣にぶら下がっている、ふ化したばかりの稚魚。腹部には卵黄（栄養分）があり、まだ自由に泳ぐことはできない

4.
ふ化後2〜3日の稚魚。卵黄が吸収され、泳ぎ始めている。自分で餌を食べるようになるので、ここまできたら親魚とは離したほうがよい（親魚を移動する）

身を水に溶いて与える場合もあります。また、水槽内に水草などをたくさん浮かべておくと、周囲の微小生物を食べて成長することもあります。それでも、生き残る稚魚は少数になるかもしれません。多数の稚魚を得るなら、インフゾリアという微小生物をわかす方法もありますが、手間がかかるため、ここでは割愛します。うまく成長してブラインシュリンプ幼生を食べられるようになれば成長は速く、その後は親と同じ餌を与えて管理します。

■ マウスブルーダーの繁殖

　一部のワイルドベタやチョコレートグーラミィなどがマウスブルーダーとして知られ、産卵後にオスが卵を口内で保護し、ふ化した稚魚が泳げるようになるとオスの口から出てきます。マウスブルーダーは混泳水槽内でもいつの間にか卵をくわえていることがあるので、産卵まではそう難しくないでしょう。稚魚が口から出る頃になるとオスの顎は大きく膨らむので、オスを隔離するか同居している魚を別の水槽に移動させます。

　口から出た稚魚は自由に泳ぐことができますが、シクリッドのように再びオスの口に戻ることはありません。オスをそのままにしておくと稚魚を食べてしまうので、オスは別の水槽に移動します。オスの口から出てきた稚魚はやや大きく、初期飼料としてブラインシュリンプ幼生を与えます。

　オスが卵を口に含んでもいつの間にか食べてしまう場合は、その種類が好む水質になっていない、または他の魚が多数同居しているため落ち着いた環境になっていないなどの原因が考えられます。マウスブルーダーも繁殖用水槽で産卵させ、オスだけで管理するとよいでしょう。

スファエリクティス・バイランティの繁殖

美しい容姿で人気のバイランティ。やや神経質な面もある魚だが、好環境で飼っていれば繁殖シーンを見せてくれる

1.
産卵行動を見せるペア。派手な色彩の個体がメス。オスがメスを抱いて産卵が始まる

2.
産卵は数回に分けて行なわれ、一度にまとまった数が産み落とされる。産卵後、メスは空気を吸いに水面へ向かうことがある

3.
卵を口内で保護するため、オスは急いで卵を吸い込む。この際に他魚がいると卵を食べられてしまうことも

4.
卵を口いっぱいに含んだオス親。稚魚がふ化して口から出てくるころには、さらに下顎がふくらむ

● シクリッド

シクリッドの仲間は親魚が卵や稚魚の世話をすることが多く、子連れシーンを楽しむことができます。ペアで購入できれば問題ありませんが、雌雄差が分からない場合は4～5匹で飼い始めれば、いずれペアができることでしょう

ペルヴィカクロミス・タエニアトゥスの子連れシーン

ペルヴィカクロミスの繁殖には、弱酸性で清浄な水質を保つことがポイントとなる。ペアで稚魚の世話をする光景は、微笑ましく感動的でさえある

1.
稚魚を見守るペルヴィカクロミス・タエニアトゥス"ロコウンジェ"のペア。アフリカ河川産シクリッドの代表種であるタエニアトゥスは、ペアで稚魚を守るケーブスポウナー

■ 繁殖形態を確認

シクリッドの仲間は子育てをする魚として知られ、その繁殖形態は次のように大きく分けられます。

❶オープンスポウナー

石や流木など、物の表面に卵を産み付け、産卵後は親魚が卵や稚魚を保護します。底砂の表面に産卵する種類や、すり鉢状の産卵床を作る種類、水草の表面に産卵する種類など、産卵場所は種類によって様々。比較的開けた場所で産卵することから外敵に発見されやすく、そのためペアでタッグを組んで懸命に卵を守る種類が多いと言えます。ラミレジィやチェッカーボードシクリッド、エンゼルフィッシュ、ディスカス、オスカー、シクラソマの仲間などが代表的なオープンスポウナーとして知られます。エンゼルフィッシュは、フィルターのパイプや水槽ガラス面へ産むこともあります。

❷ケーブスポウナー

流木や石の陰、またその下に穴を掘って天井部分に産卵したり、水草や落ち葉の葉裏などに産卵するタイプです。代表的な種類に南米産のアピストグラマの仲間が知られ、産卵後は主にメスが卵や稚魚の世話をし、オスは周囲をパトロールします。アフリカ産のペルヴィカクロミスなどもケーブスポウナーですが、こちらはペアで積極的に育児をします。

面白いところでは、ラムプロローグス・オセラートゥスのように巻貝の殻の中に産卵したり、ブリチャージのように岩の裂け目などに産卵するタンガニイカ湖産種もおり、これらもケーブスポウナーとして考えればよいでしょう。

❸マウスブルーダー

産卵後、口の中で卵や稚魚を保護する種類です。アーリーやカエルレウスなどマラウイ湖産シクリッドは、産卵後すぐにメスが卵を口内保護します。また、南米産のゲオファーグスの仲間などは、稚魚がふ化してから口内保護するため、ハーフマウスブルーダーと呼ばれます。

卵や稚魚の口内保護はアナバンティッドやナマズなど、その他の魚にも見られる繁殖形態ですが、シクリッドの場合は稚魚に危険が迫ると親の口の中に戻る点で、より子育ての意識が強い魚だと言えるでしょう。

■ 雌雄の見分け方

オスはヒレが大きく色彩が派手なのに対し、メスは

2.
親魚の周りで遊ぶタエニアトゥスの稚魚たち。親に守られている稚魚は、安心して泳ぎ回ることができる。稚魚がやや大きくなり行動範囲も広がると、ペアは神経質になってケンカすることもある

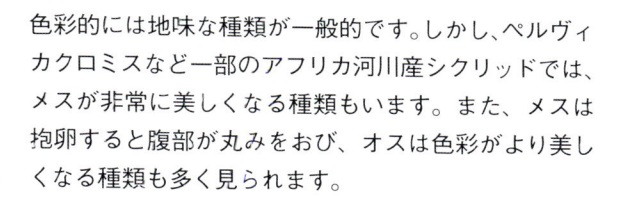

3.
だいぶ成長した幼魚を見守るタエニアトゥスのペア。この頃の幼魚は食欲旺盛でぐんぐん成長するが、まだ親の保護が必要

色彩的には地味な種類が一般的です。しかし、ペルヴィカクロミスなど一部のアフリカ河川産シクリッドでは、メスが非常に美しくなる種類もいます。また、メスは抱卵すると腹部が丸みをおび、オスは色彩がより美しくなる種類も多く見られます。

■ 確実に繁殖させる

　シクリッドの仲間はなわばり意識が強いですが、繁殖時にはそれがより顕著になります。産卵場所を決めると、その周囲に他の魚が近づかないように攻撃的になります。混泳水槽では、他の魚が攻撃されてダメージを負ってしまうこともあります。反対に、せっかく稚魚がふ化しても他の魚に食べられてしまうことがあるので、確実に繁殖させるには繁殖用の水槽を用意しましょう。繁殖用水槽は、親魚のサイズに合わせて選択します。繁殖形態によって流木や石、植木鉢、産卵筒、水草、底砂などが必要になるので、種類に合わせて水槽内に配置しましょう。

　ペアの絆が深まらず、なかなか産卵にいたらないという場合は、他に魚を同居させると絆が深まる場合があります。しかし同居魚が攻撃されてダメージを受けないよう注意深く行なう必要があります。また、メスが発情していない場合はオスに攻撃されてしまうことがあります。そこで水槽をセパレータで仕切り、オスとメスをお見合いさせて産卵行動を誘発させる方法もあります。これは攻撃力の強いシクラソマなどの大型種に特に有効です。

■ 稚魚の育成

　うまく産卵にいたれば、後は親魚が世話をしてくれるので管理は容易です。育児の様子を観察するのは楽しいものですが、育児中の親はナーバスになっているので注意も必要です。頻繁に水槽を覗きこんだり、水槽内に手を入れたりすると親魚が卵や稚魚を食べてしまうことがあるので、水槽からやや離れた場所から適度に観察しましょう。また、給餌や水換時は親魚を驚かさないよう、静かに作業しましょう。

　親が稚魚の世話をしますが、もちろん餌は飼育者が用意します。稚魚はお腹の卵黄が吸収され、自由遊泳できるようになると餌を食べ始めるので、このタイミングでブラインシュリンプ幼生やベビーフードを与えます。日々成長する稚魚のために、毎日2回以上給餌するのが理想です。その後は成長にしたがって、親と同じ餌に切り替えていきます。

"シクラソマ"の繁殖

"シクラソマ"類は気が強いためペアを作るのが難しい面もあるが、雌雄の相性が良ければ繁殖可能。いずれもオープンスポウナーで、石や水槽の底面などに産みつける

稚魚を見守る"シクラソマ"・フリードリッヒスターリーのペア。普段は険しい表情の魚だが、優しい顔つきに感じられる

フリードリッヒスターリーが繁殖した水槽。サイズは60×45×45cmで、底に置いた平たい石が産卵床となった

エンゼルフィッシュの産卵

繁殖が比較的容易なシクリッドとしては、エンゼルフィッシュも挙げられる。ただし原種はやや難しく、繁殖例が多いのは改良品種である

問屋さんの水槽内で産卵中のエンゼルフィッシュ。いかに繁殖力旺盛かがわかる。エンゼルフィッシュは、細長い筒や棒、水槽壁面などに産みつけることが多い

生態のおもしろい巻き貝シクリッドの繁殖

タンガニイカ湖に生息する巻き貝シクリッドは、アフリカ湖産シクリッドの中では、繁殖が容易な部類に入る。水槽内には親魚が入れるサイズの巻き貝を入れておこう

巻き貝シクリッドのポピュラー種、ラムプロローグス・オルナティピンニス。産卵が近づいたメスは、ボディの一部が黒に染まる。全長5cmほどなので、幅45cm程度の水槽でも繁殖は十分可能

巻き貝の中でふ化した稚魚は、7～10日ほどで外へ泳ぎ出すようになる。写真は1cmほどに成長し、すっかり慣れた様子で泳ぎ回る子どもたち。それでも親魚の表情は、まだまだ心配そう?

● ブラインシュリンプのわかし方

稚魚への栄養面を考慮したり、歩留まりをよくするのであれば、自分でわかした生きたブラインシュリンプを与えるのがおすすめです。手間はかかりますが、それだけの価値はあると言えるほど、ブラインシュリンプの効果は大きいです

用意するもの

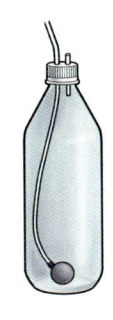

1.
❶ブラインシュリンプ漉し器（メッシュカップ／スドー）、❷ブラインシュリンプの卵、❸ 50mlのペットボトル（フタにはエアチューブを通す穴をふたつ開ける）、❹エアポンプ、❺エアストーン、❻エアチューブ

2.
エアストーンを付けたエアチューブをセットする。もうひとつの穴は空気を逃がすためのもので、短いエアチューブをセットしておく

3.
水を入れた後、エアポンプの電源も入れる

4.
500mlペットボトルの場合、塩は大さじ2杯、ブラインシュリンプの卵は商品の規定量を投入

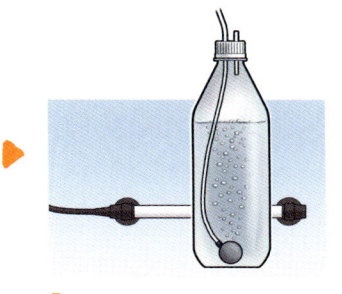

5.
卵は水温が低いとふ化率が悪いので、冬場はヒーターで保温する。通常は、水温25〜30℃で約24時間でふ化する

6.
ふ化を確認したら、フタやエアチューブなどを取り除き、水面に浮いた卵の殻をスポイトで吸い出しておく

7.
ふ化後の幼生は光に集まる習性があるので、ライトを照らし、集まったところをスポイトで吸い出す

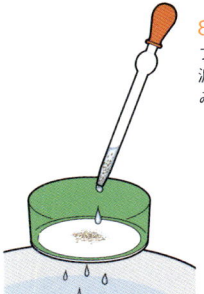

8.
ブラインシュリンプ漉し器で、幼生のみを漉す

9.
そのまま与えると水槽内に塩分も入ってしまうので、漉し器ごと真水で洗ってから、幼生をスポイトで吸い出して給餌する。なお、幼生は時間が経つほどに栄養価が低くなるので、なるべくふ化後数時間以内に与えるとよい

ブラインシュリンプのお手軽なわかし方

左ページの方法は、大量のブラインシュリンプをわかすのに適しています。少量でよいのであれば、もっと手軽な方法もあるのでご紹介しましょう。

水深1.0〜1.5cmの薄さに塩水を張った容器（タッパーなど）へ、ブラインシュリンプの卵を投与しておくだけ。水深が浅いことや表面積があることから、エアレーションしなくても卵へ酸素がいきわたり、24時間前後（水温25〜30℃の場合）でふ化してくれる。ふ化した稚魚は、片方からライトを当てて寄せ集めてからスポイトで吸い出そう。大量のブラインをわかしたい場合は、面積の広い容器を使うとよい

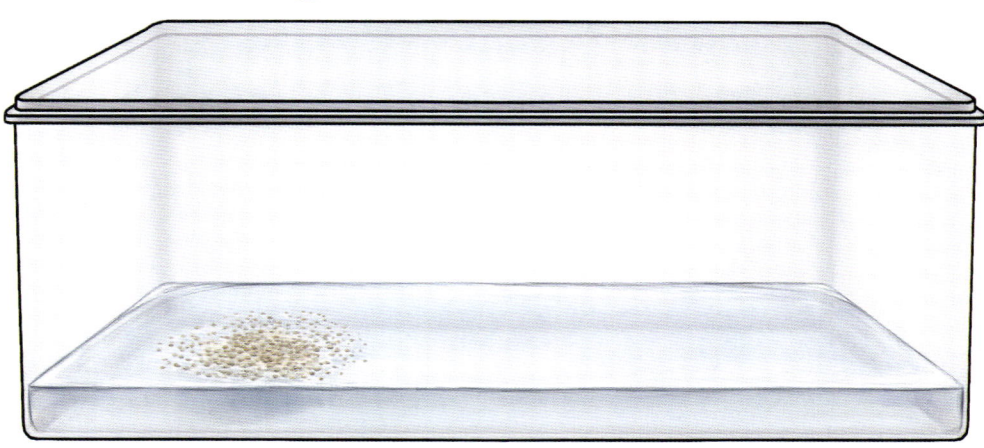

繁殖に便利なグッズ紹介

繁殖をより順調に行なうための餌や器具類が、各メーカーから販売されています。必要に応じて、取り揃えておくとよいでしょう

テトラ ブラインシュリンプエッグス／テトラジャパン
ブラインシュリンプの乾燥卵。塩水に入れエアレーションすると、水温28℃の場合でおよそ24時間後にふ化する

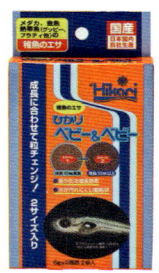

ひかりベビー＆ベビー／キョーリン
栄養価だけではなく、粒の大きさによって成長率が異なることに着目して作られたベビーフード。熱帯魚（グッピー、プラティなど）、メダカ、金魚の稚魚に適する

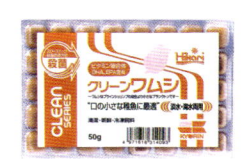

クリーンワムシ／キョーリン
ブラインシュリンプの幼生よりも小さなプランクトンであるワムシに、魚の育成に必要なビタミン類などを添加した冷凍飼料。小さな淡水魚や海水魚、またはその稚魚などの餌に使用できる

ハッチャー24 II／日本動物薬品
ブラインシュリンプの幼生をふ化させる器。適した水流を作ることにより、より高いふ化率がのぞめる。水槽の中にも設置できるため、保温した水槽に入れればふ化器のための保温に悩まずに済む

メダカ・グッピーの産卵ネット／ジェックス
ソフトなネット製の産卵ケース。水槽の縁にフックで引っかけて、水槽内で使用する。小さな稚魚にもストレスがなさそうだ

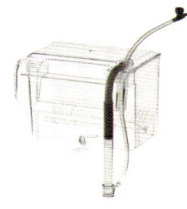

サテライト／スドー
水槽の外にかけるケース。水槽の水をエアリフトでケース内に運び、ケースからオーバーフローした水は水槽に戻る循環式。水槽と同じ水質・水温になるため、親魚または稚魚を隔離するのに適している

病気の予防と治療法

かわいがっている魚が病気にかかってしまうのは、とても悲しいものです。特に魚の病気というのは、飼い主が気づいたときには手遅れということも多く、必ず治療できるとは限らないのでなおさらです。ここでは、熱帯魚における一般的な病気について、症状と治療法をまとめてみました

健康な魚は、体表に傷がなく、肉付きもよいのが一般的です。泳ぎ方は魚種によって異なるので、その魚本来の泳ぎをしているかをチェックしましょう

■ 病気に対する心がまえ

　熱帯魚の病気は、飼育環境が適切でなかったり、水質が悪化した場合にかかりやすいほか、新しく追加した魚や水草、生き餌などが病気を持ち込む場合もあります。いずれにしても、発病すると治療がやっかいな病気も多く、進行してしまうと助からないケースも少なくありません。そのためまず基本となるのは、ショップで体調のよい元気な個体を入手してくることです。しかし体調の見極めは、経験を積まないとなかなか難しいことでしょう。

　そこで、飼育をスタートしたら、魚を毎日よく観察して、魚に白い点が付いてないか、呼吸が荒くなっていなか、泳ぎ方が鈍っていないかなどの異変を早期発見し、早期治療することが大切です。

　購入した魚を、最初は飼育水槽とは別のトリートメント水槽に泳がせ、1週間ほどは様子を見るという方法もあります（本来は、そうしなくても済むような、状態が万全の魚を購入することが理想ですが）。万が一トリートメント中に発病したら、魚病薬を入れて治療します。そして完治したら、飼育水槽へ移すことができます。トリートメント水槽は、後に発症した場合に治療用水槽としても使えるので、魚のサイズに応じて1本用意しておくことをおすすめします。

　しかし、トリートメントを終えた魚でも、飼育水槽に移してしばらく経ってから発病することもあります。熱帯魚の場合、初期の段階で発症の兆しを発見できれば、水換えや水温調節などによる環境の改善で自然に治ることもあります。しかし、環境を改善しても治らなかったり、気づいたときにはある程度病気が進行していた場合は、市販の魚病薬で治療します。用いる薬

トリートメントに必要なもの

水槽サイズは、魚のサイズに合わせて選びます。フィルターは、投げ込み式やスポンジフィルターなど、エアリフト式のものが扱いやすいです。魚の体調によっては、魚病薬や塩も用います

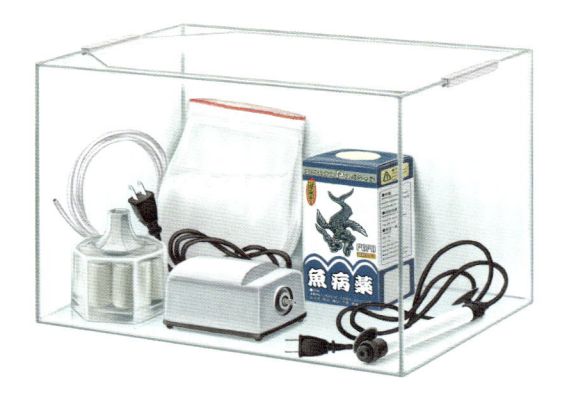

トリートメントの注意点

底砂は敷かないほうが、掃除がしやすいです。ナマズ類のように隠れる習性をもつ魚の場合は、落ち着かせるために土管や流木などを入れておきます。魚にストレスを与えないよう、数を詰め込まないようにしましょう。飛び出し防止のため、フタも必須です

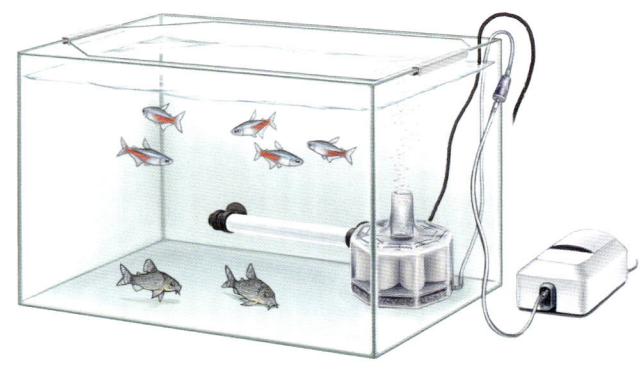

の種類は病気ごとに異なるので、病気の種類をしっかりと見極め、説明書をよく読み適切な量を使いましょう（ナマズや古代魚など、薬に弱い魚種は、規定量の半分以下にとどめたほうが無難です）。また、その魚がかかりやすい病気に対する薬は、常備しておくと安心です。

■ 治療するにあたって

病魚は、トリートメント（薬浴）水槽へ隔離して治療するのがベターですが、水槽全体に蔓延している場合は、薬を水槽内へ直接投与します。投薬後は、魚の様子や水質に気を配りましょう。水草は、薬の種類にもよりますが、薬を入れると枯れることが多いので、取り出しておいたほうが無難です。また、レッドビーシュリンプのようなエビ類は薬にはたいへん弱いので、必ず取り出しておきます。

ここでは、主に魚病薬を使う治療法を紹介しますが、白点病やコショウ病の初期であれば、水量に対して0.5～1%の食塩を溶かす塩水浴で治ることもあります。

また、魚病薬は時間の経過と共に効果が薄れることが多いので、完治するまでは説明書どおりに定期的に投薬（水換え後に投薬するのが効果的）をくり返しましょう。

熱帯魚ショップでは様々な魚病薬を購入できます。購入時には、魚の症状を店員さんに詳しく説明するとよいでしょう

■ 白点病

体表に白い点が付き、体をかゆがることが多い

症状…イクチオフィリスという原虫（白点虫）が、魚に寄生して起こる病気です。ヒレや体に白い点が付く病気で、初めは各ヒレに白い点が付き、次第に体表へも増えていきます。魚はかゆがって、砂や流木などに体をこすりつけます。進行が早く、全身に広がると衰弱して死亡しますし、白点がエラに付いた場合は呼吸障害を起こします。熱帯魚においては、多く見られる病気です。

治療…水温が安定していなかったり、熱帯魚の場合は水温20℃以下になるとかかりやすい病気です。白点虫は高温に弱いので、ごく初期の段階なら水温を30〜32℃に上げるだけで消失しますが、たいていのケースでは、「メチレンブルー」、「グリーンF」のような白点病の治療薬を用いたほうが有効です。

■ コショウ病

症状…ウーディニウムという、べん毛虫の寄生によって起こる病気で、ウーディニウム症とも呼ばれます。白点病よりもさらに細かい点が体表に付着し、病魚はヒレをたたんで身体をふるわせるような症状を見せます。卵生メダカ、特にノソブランキウス属などによく見られます。

治療…水質の悪化などが原因となります。早期の段階なら水量の0.5%程度の塩水浴をすれば2〜3日で治りますが、「メチレンブルー」や「グリーンF」も効果があります。コショウ病は伝染力が高いので、発病した魚のいる水槽で使った網などは、必ず消毒しましょう。

■ 水カビ病

症状…傷口に、もやもやとした白い綿状の水カビ（水生菌）が寄生する病気で、体やヒレなどのスレ傷に付くことが多く、他の病気でできた傷から寄生することもあります。カビが全身に広がったり、体の内部まで達したり、エラに寄生したりすると、死に至ります。

治療…他の魚に伝染することはほとんどありませんが、病魚は隔離して治療するのが一般的です。きれいな水に移し、水量の1%程度の塩水浴か、「メチレンブルー」や「グリーンF」などを投薬するのが有効です。

■ 尾腐れ病・口腐れ病

尾腐れ病

口腐れ病

症状…細菌が寄生して起こる病気で、口やヒレなどが白くなり、やがてそこが溶けたようになっていきます。ちっ死率が高く、たとえばグッピーでは短時間でヒレがボロボロになって死んでしまうこともあります。

治療…感染力が強い上に、病気の進行が早いので、速やかな対処が必要です。治療には、水量の2%程度の塩水浴をするか、「グリーンFゴールド」の投薬が有効です。また、発病した水槽とそこでの器具は消毒し、病気が進んでしまった魚は処分するしかありません。

■ 松かさ病

鱗が逆立ってしまう

症状…運動性エロモナス菌の感染が主な原因で、多くは水質の悪化や急変、質の悪い餌の摂取などから発病します。ウロコの「鱗（りん）のう」という部分に水様液がたまり、鱗が逆立ってしまうため、こう呼ばれます。腹水病を併発していることも多く、泳ぐことも困難になり、死に至ります。

治療…他の魚に伝染することは少ないのですが、病魚は隔離します。治療は困難ですが、「グリーンFゴールド」や「ハイ-トロピカル」などの細菌に効く魚病薬が効果的です。発病した水槽は、大掃除してリセットしたほうが無難です。

■ 頭部穴あき病

頭部穴あき病にかかったアイスポットシクリッド。これはまだ、軽い症状

症状…頭部や側線に小さな穴があき、穴は徐々に拡大していくという症状を示す病気です。オスカーのような大型シクリッドやピラニアなどで見られることが多いです。また、ボディの一部に穴があく、単なる「穴あき病」もあります。

治療…「頭部穴あき病」は、過密飼育や水質悪化、質の悪い餌などが原因で発病しやすくなる傾向があると言われているので、これらの改善が予防につながることでしょう。また、それらの点を改善すると、治ることもあります。薬としては、メトロニダゾール（ブラジール）が有効とされています。これを餌に混ぜて口から投薬するのですが、魚の体重1kgあたり20〜30mgになるように、5〜10日間与えます。なおメトロニダゾールは魚病薬ではなく、トリコモナス膣炎や胃潰瘍などに用いる人間用の薬です。単なる「穴あき病」の場合は、エロモナスやカラムナリスなどの細菌が要因となっているので、「グリーンFゴールド」や「ハイ-トロピカル」などの薬で治療します。

■ ポップアイ

眼が大きくなって飛び出す

症状…眼球突出症のことで、眼が不自然に大きく飛び出してしまう病気です。見た目では、その他の症状を確認できないことが多いです。病気が進行した魚は、他の疾病を併発したりして衰弱し、やがて死に至ります。水質の急変などで、発症することもあります。

治療…薬を使ったとしても、治療は困難です。水質悪化などにより発病するので、日頃からきれいな水を保ち予防を心がけるとともに、病魚は隔離し、水槽はリセットするとよいでしょう。初期なら、飼育環境の改善で治ることもあります。魚病薬は、「グリーンFゴールド」や「ハイ-トロピカル」など適します。

■ 腹水病

餌を食べていなくても、お腹がぽっこりと膨らんでいる

症状…食事とは関係なしに、腹部が不自然に膨らんでしまう病気です。松かさ病と同じく、運動性エロモナス菌が要因と思われています。

治療…松かさ病と同様に、「グリーンFゴールド」や「ハイ-トロピカル」などの細菌に効く薬を使って治療します。

■ イカリムシ・ウオジラミ

ウオジラミ

イカリムシ

症状…白く細長い糸状の虫がイカリムシ、丸く平たい虫がウオジラミです。また他にも、数種類の寄生虫が見られます。体表やヒレに寄生すると、魚はかゆがって、砂や流木などに体をこすりつけます。

治療…寄生虫は魚を衰弱させ、他の病気にかかる原因にもなります。少数ならピンセットなどで取り除けますが、「リフィッシュ」、「トロピカルN」、「トロピカルゴールド」などの寄生虫駆除薬も有効です。こうした寄生虫は、新しく入れた魚や水草、餌などから侵入するので、購入前に寄生虫の有無をチェックすることが、何よりの予防になります。

誰でも育てやすい きれいで丈夫な水草カタログ

水草には様々な種類がありますが、ここでは二酸化炭素を添加しなくても育成できる丈夫なポピュラー種を紹介します。容姿も美しいですし、水草育成に初めてチャレンジするには最適な面々です

アマゾンソードプラント

明るめの緑色をした幅の広い葉は、生長するにつれ高さを増し、数が増えていく。存在感があるので、水景の主役に向く。葉は横にも広がるので、数株を使う場合は離して植えるとよい

エキノドルス（ヘランチウム）・テネルス

葉は細長く、背丈は10cm前後と低いので、水槽の前〜中景で使うのに適している。子株を横へ伸ばして殖えていき、数株を植えて上手に育てていくと草原のような茂みを作ることができる

ピグミーチェーンサジタリア

テネルスにも似ているが、本種のほうが葉は太い。大きくなっても15cmほどなので、水槽の前〜中景に適する

バリスネリア・スピラリス

明るい緑の葉は、ほぼ上に向かって伸びていく。水槽内でも高さ30cm以上に生長するので、水槽の後面に植えるのに向く。水面まで伸びた葉をあえてカットせず、水面にたなびくようにしてもおもしろい

バリスネリア・ナナ

スピラリスに比べ、葉は細く背丈は低いので、小型水槽でも使用しやすい。後面に植えるのに適している

クリプトコリネ・ウェンティ "グリーン"

丈夫な種が多いクリプトコリネの中でも、代表的な存在。背丈は10cm前後と小型なので、前〜中景のアクセントに向いている。水槽に入れて数日の間に葉が溶けてしまうことがあるが、次第に新たな葉が生えてくるので問題ない

ハイグロフィラ・ポリスペルマ

単に「ハイグロ」の名でも販売されることのあるポピュラー種。葉は明るい緑で、直立もしくは斜上して生長していく。丈夫だが、水槽の光量が弱いと茎が間延びしてしまうことがある

グリーンロタラ

美しい容姿と丈夫で育てやすいことから人気の水草。葉は真上に向かうのではなく、やや垂れるように伸びていく

パールグラス
細かく小さな葉が美しい人気種。二酸化炭素を添加し、強めの光を当てるなどして好環境を整えると、より美しい茂みを作り出す

アマゾンチドメグサ
丸みのある葉がかわいらしい。葉が水面に達したらカットしないでおくと、葉の下が魚の隠れ家にもなる

アヌビアス・ナナ
特に丈夫な水草。葉は深い緑だが、黄色みがかる改良品種の"ゴールデン"も知られている。本種よりも葉が小さいナナ"ミニ"、さらに小さいナナ"プチ"も人気が高い。アヌビアス類はいずれも、流木や石などに根を活着させることができる

アメリカンスプライト（ミズワラビ）
細かな切れ込みの入った茎を出す。シダの仲間で、カットした茎を水面に浮かべておくだけでも、根を出してよく育つ

ウイローモス

水中でも育成可能な苔類の1種。流木や石などに活着させて使用するのが一般的で、わびさびのある水景を演出できる

ミクロソリウム

シダの仲間で、ごわごわとした緑の葉を持つ。底砂に植えても、流木や石などに活着させてもよい。葉の細いナローリーフ、やや縮れた葉が特徴のウィンデロブも流通量が多い

アマゾンフロッグビット

丸い葉がかわいらしい浮き草。環境がよいと、子株を伸ばしてよく殖えていく

マツモ

和のイメージを感じさせる水草。根を持たないので、底砂に植えず、水中に漂わせておくだけでよく殖える

ホテイアオイ

国内の自然下でもよく見られるが、原産地は南米。水面に浮かんで生長し、多数の細かい根を出す。写真は美しい斑入りタイプ

形状ごとに覚えよう
水草の下準備と植え方

購入してきた水草を植える前には、簡単な下準備が必要です。ここではロゼット型と有茎草に大別して、植えるまでの流れを追ってみましょう。さらに、水草を手軽に利用できる便利な活着法についても紹介します

● **ロゼット型を植えるまで**

ロゼット型とは、茎から葉を出すのではなく、タンポポのように葉を展開させる水草を指します。エキノドルスやクリプトコリネなどが含まれます。ここではアマゾンソードを用いました

1.
種類を問わず、ポットに植えられている水草は外してから植えるほうが根の張りが良くなります。根がポットに絡んでいる場合は、根を切っても問題ありません

2.
根はロックウールという綿にくるまれているので、これを取り除きます。ピンセットを使うと、作業しやすいでしょう。根の間に残ったウールは、水で洗い流します

3.
はじめの根はいずれ腐るので、切っておきます。ただし、すべてを切るのではなく数cmを残しておくと、底砂の中でひっかかりになって浮き上がりにくくなります。根は、生長とともに新たに展開していきます

4.
ピンセットまたは指で根元をつまんで、底砂へ植えます。深く植えすぎると、外側の葉が枯れることがあります。そのため、株の根元に見える白い部分（矢印先）が隠れるくらいの深さを目安にします

● 有茎草を植えるまで

茎から小さめの葉を出すものを、有茎草と言います。ハイグロフィラ、ロタラ、バコパ、ルドヴィジアなどが含まれます。ここではバコパ・モンニエリを用いました

1. 有茎草を植えるときは、まず節（葉が生えてくる部分）の下を切ります。長めに残しておいても、溶けてしまうからです

2. 枯れた葉っぱは、あらかじめ取り除いておきましょう。節から枝（矢印先）が出ている場合は、切って分離させれば別に植えることもできます

3. バコパのようにボリュームのある有茎草は、1本ずつ植えます。草が底面に対して直角にまっすぐ立つよう、ピンセットを斜めにしてつかむのがポイントです

4. ピンセットで茎を砂の中にまっすぐ差し込んだら、手を軽くひねりピンセットの先を水草からずらすようにします。そしてピンセットを開くと、水草が底砂から抜け出すことなく植えられるでしょう

● 有茎草をまとめて植える

1. 葉が小さく細かい有茎草（写真はグリーンロタラ）は、まとめて密に植えることできれいに見せることができます。砂の中に埋まる部分は、このように葉を取り除いてきましょう

2. 有茎草の高さを3段階くらいに切り揃え、水槽の前面から後面にかけて高くなるように植えると、きれいな景観を創り出すことができます

3. 3～5本程度を、まとめてピンセットで植えます。こうすることで、葉の細かい水草でも密度を高めることができるのです

107

● 水草を活着させるための手順

アヌビアス、ミクロソリウム、ボルビティスなどの水草は、流木や石などに活着させることができます。底砂を使用しなくても水草を楽しむことができ、さらにそれらの水草は丈夫で育成しやすいのも魅力です。水草のある水景を、手軽に演出してみましょう

ここでは石へ活着させるが、アヌビアス類はいずれも流木へもよく活着する

■ アヌビアスを小石に

1.
まずは根元のウールを取り除きます。ピンセットを使い、水で洗い流すなどして、細部まできれいにしましょう。ここではアヌビアスを石に活着させますが、流木にも活着します

2.
根をハサミで切り落とします。残したままでも問題ないのですが、根がないほうが後の活着がスムーズで、また活着させる際に角度の調整もしやすくなります

3.
ひと株ずつ活着させるのが一般的ですが、このような小さな株の場合はふたつを組み合わせると、濃い茂みを演出できます

4.
アヌビアスは茎が太いので、ビニタイで巻き付けます。ふたつのアヌビアスを重ねた部分にビニタイを通し、ずれないよう押さえながら縛れば完成です。アヌビアスは生長が遅いため、活着に2ヵ月ほどかかります。ビニタイはずっとそのままでも問題ないですが、外す場合は活着が確認できるまで待ちましょう

ウイローモスの活着には、専用の木綿糸（モスコットン／ADA）を使います。この糸は、モスが活着した頃には自然に溶けてなくなります

■ ウイローモスを流木に

1.
流木の上にウイローモスを乗せて、霧吹きで水をかけます。モスが流木になじみ、作業の途中でずれにくくなるためです

2.
端から糸を巻き付けていき、1往復させます。ずれないよう、最後に糸の先を結んでおきましょう

3.
糸を巻き付ける間隔は、0.5～1cmほどです。ちなみにウイローモスは、流木に触れている部分ではなく、新しく伸びてきた芽の部分が活着します。そのためたくさん乗せるのではなく、流木の地肌が見える程度に、薄く乗せるのがコツです

4.
糸を巻き終えたら、すき間からはみ出たモスをハサミでカットします。この部分は流木に活着しませんし、カットしておくことで後の見栄えが良くなります。ウイローモスは、2週間ほどで活着し始めます

丈夫な水草で
お手軽レイアウトを作ろう

水草は生長に二酸化炭素も必要とするため、本格的な水草レイアウトでは二酸化炭素の添加が欠かせません。それでも中には添加なしでも育成可能な丈夫な種もあるので、そのような水草を使ったセッティングの手順をご紹介します

使用した水草

❶ロタラ・ロトゥンディフォリア、❷ウィステリア、❸ピグミーチェーンサジタリア、❹ミニテンプルプラント、❺オオセイヨウキクモ（すべて国産）

セッティングスタート！

ソイルを敷く

1.
外部式フィルターをセッティング済みの幅36cmの水槽に、水草用の底砂「アクアソイル - アマゾニア"パウダー"（ADA）」を敷きます。ソイルは約5ℓ使用しました

2.
ソイルをある程度平らにならします。凹凸していると、意外と気になるものです

後ろをやや高めに

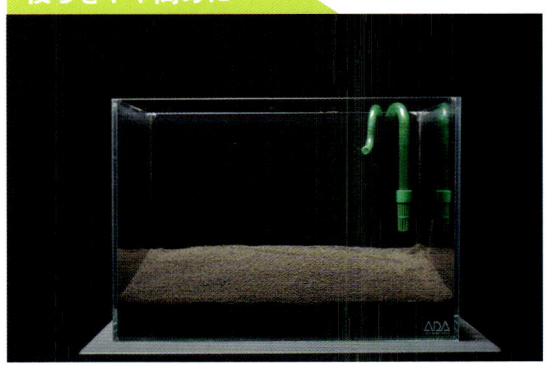

3.
水槽の前で4〜5cm、後ろで5〜6cmくらいの厚さにならします。これくらいの厚みがないと、水草が植えにくいです

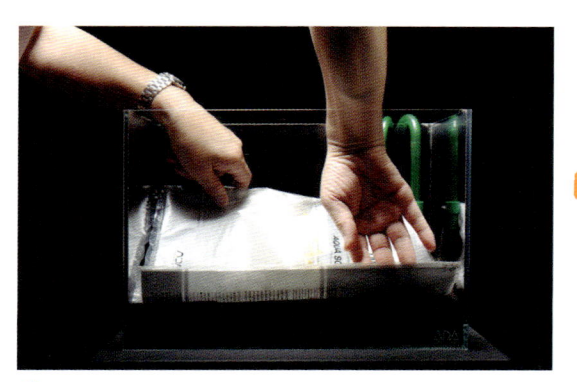

水を注ぐ

4.
ソイルの入っていた袋を、ソイルの上に置きます。水をダイレクトに勢いよく注ぐとソイルから出る粉塵で水が濁るため、袋をクッションとするのです

5.
塩素を中和した水を注ぎます。水温は、後で植える水草のために25℃程度に調節しておきましょう。ここでは、熱帯魚用の丈夫なビニール袋に水を入れて運びました

水草を植える

6.
袋を水槽の中に入れれば落差が少なくなり、また袋の口を手で絞ることで、注ぐ量を自在にコントロールできます。ソイルのような濁りやすい底砂におすすめの注ぎ方

7.
水をある程度まで注いだら、背の高い水草を後ろに植えます（水草の植え方などは、106～109ページを参照）。水をいっぱいに注がないのは、手を入れると水が溢れるためです

後ろを高く手前を低く

8.
背の低い水草を、手前に植えます。「後ろを高く手前を低く」は、水草水槽の見栄えをよくするための基本です

水をいっぱいまで注ぐ

9.
すべての水草を植え終えてから、水をいっぱいまで注ぎます。ソイルがえぐれないよう、水をそっと注ぎましょう

ゴミをすくう

10.
植える際には意外なほどに水草の破片が舞い散るので、ネットを使ってすくっておきます

器具類を作動させる

11.
照明やフィルターなどの電源を入れます。植えた直後の水草はバラバラの方向に向いているが、数日すれば光の方向（上）に向かって生え揃います

二酸化炭素なしのレイアウトが完成！

水槽セットから10日後の様子。水草は順調に生長しており、魚も導入しました。流木や石などが入っていないこともあり、水草の姿をダイレクトに楽しめる、かわいらしい印象の水草レイアウトです

❶ロタラ・ロトゥンディフォリア、❷ウィステリア、❸ピグミーチェーンサジタリア、❹ミニテンプルプラント、❺オオセイヨウキクモ（すべて国産）

DATA
水槽：36×22×26（高）cm　**底砂**：アクアソイル・アマゾニア（パウダータイプ）　**照明**：アクアスカイ361（0.4WのLED球×30灯）1日10時間点灯　**水**：水温25℃、pH6.8　**魚**：グリーンネオンテトラ×30、エンドラーズ・ライブベアラー×10

少し水草に元気がないな…と感じたら、水中のCO_2濃度を増加するリキッド状の商品を利用するのもよいでしょう。写真は「CO_2リキッドB2(日本動物薬品)」

水草育成の鍵のひとつとなる照明には、水草用に開発されたLEDライト「アクアスカイ361(ADA)」を使用しました。なお、ロタラが上を向いて揃っていないのは、もともとそのような性質（這う、斜上する）があるため

ポイントを押さえてチャレンジしよう！
水草の上手な育て方

魚はもちろん水草を育てることも、アクアリウムの醍醐味のひとつです。水草は、水中で育てるぶん環境作りが難しい面もありますが、器材を揃えれば誰にでも楽しめます。水槽内に自分好みの水景を演出するためにも、ぜひ育成のポイントを覚えておきましょう

魚の飼育と水草育成との違いは、水草にはCO_2を与えるとよいということ。丈夫な水草の代表種ミクロソリウムも、CO_2を添加すればご覧のようにより美しく生長する

■ CO_2添加の重要性

　水草をきちんと育てるためには、CO_2を添加する器具、照明器具、底床、肥料、フィルター（CO_2を逃しにくい外部式が最適）などが必要になります。

　植物（水草含む）は、光合成を行なって育ちます。陸上の植物は空気中のCO_2を使い、水中の植物は水に溶け込んでいるCO_2を使って、光合成します。まず、光合成の仕組みについて簡単に述べましょう。

　光合成とは、植物が光エネルギーを利用してCO_2と水から糖類を合成することです。その糖類を作る過程で、水は分解され、酸素が発生します。光合成で作られた糖類は、植物の成長に欠かせないものです。そのため水槽内でも、水草にとってCO_2は大切な存在となるのです。「水草カタログ」（102〜105ページ）で紹介した種のように、CO_2がなくても育成できる水草もありますが、それらにもCO_2を添加すれば、より状態よく育つようになります。

　CO_2を添加するための器材は、初心者・ベテラン問わず、水草を育成する人には必要なものと言えます。最近では様々な商品が揃っているので、自分好みのものをセレクトすればよいでしょう。

■ 光（ライト・照明）

　これも重要なポイントです。前述したように、光合成には光とCO_2の量のバランスが大切です。稀に、「CO_2を添加しているけど、ライトは暗い」とか、「ライトが強いから、CO_2はいらない」という人もいますが、両方が必要で、さらにそのバランスも大切なのです。

　水草の種類やその時の水温によって、その草が光やCO_2を取り込める量、すなわちどの程度光合成できるかは異なります。そのため、過度に光を強くしたり、CO_2添加量を増やす必要はありません。ご自分の水草について迷った場合は、ショップに相談してみるとよいでしょう。

　一般的には、幅45cm水槽の場合、蛍光灯15Wを2〜3灯、CO_2は1秒に2滴ほどが基本と言えるでしょう。水温は、25℃±2℃で問題ありません。

■ 照明時間

　ライトの点灯時間は、1日8時間を基本とすればよいでしょう。部屋のインテリア目的でセットした水槽などでは、1日に12時間ほど点けていることもあるかと思います。その場合はコケが発生しやすくなりますが、ろ過槽に吸着材（主に活性炭）を入れることで対処します。ただし活性炭は、商品によってはpHを上昇させるので、トニナsp.やスターレンジなど低pHが

光合成し、気泡を出すセイロンロタラ。光合成のためには、ライトの照射とCO_2の添加を同時に行なうことも大切

水中でのCO_2は、専用器具により、細かい泡となって拡散されていく

適する水草を植えている水槽には使用しません。そのような水槽では、まめな換水と、コケ取り用にオトシンクルスやフライングフォックスを投入して対処するとよいでしょう。

　ボルビティス、ミクロソリウム、アヌビアスなど生長の遅い水草は、特に点灯時間や光量に気をつけましょう。水草は、どの種類に対しても強い光を与えればよいというわけではありません。たとえばこれらの水草は本来、強い光を与えるのは1日のうちの2～3時間でよいくらいです。あとは、暗めの光を8時間ほど与えるのがベストです。それらの水草が自然下で生えている環境は、昼間、太陽が上にきたときのみ強い光が当たるというものです。そのため水槽内でも、強い光を長時間与える必要はありません。このように点灯時間については、その水草が生えている環境に合わせるのが理想です。

　光量についておおまかな目安としては、たとえばリシア、グロッソスティグマ、キューバパールグラス、エキノドルス、ホシクサ、一般的な有茎種などは、強光量を好みます。

　ミクロソリウム、ボルビティス、アヌビアス、モス類などは、ある程度の光量があれば育成可能です。

　トニナsp.、スターレンジ、ウォーターウィステリア、バリスネリア類、ミリオフィラム類などは、強光量よりは弱く、ある程度の光（たとえば幅45cm水槽では15W×2灯）で育成したほうが、きれいに育ちます。

■ 底 砂

　かつては砂利（大磯砂など）がほとんどでしたが、近年の水草水槽では、土を素材にした「ソイル系」を使うのが主流になってきています。たいていのソイル系底床にはpHとKHを下げる作用があり、およそ90％以上の水草が、簡単に育成できるようになりました。中でも、軟水が適する南米産の水草の育成は、以前に比べ格段に楽になったと言えます。

水草用の肥料には、底に埋める固形タイプ（写真）と液体タイプとがある

スターレンジのような低pH・KHが適する水草には、ソイル系の使用は必須

　ソイル系底床に特に適する水草は、ホシクサ、リムノフィラ、ロタラ、グロッソスティグマ、ヘアーグラス、南米産水草（トニナsp.、スターレンジ）などで、大変よく育ちます。中でも、低いpH・KHを好む水草にソイルは最適です。

　砂利（天然砂）を使う場合は、使用前に水洗いして汚れを流します。肥料分は、ソイルには含まれていることが多いですが砂利にはほとんどないため、水草の生長はソイルに比べると遅めです。ただし、砂利は少しくらいかき回しても水が濁りにくいので、初心者の方には使いやすいかもしれません。

　砂利の水槽では、ミクロソリウム、アヌビアス、ボルビティス、エキノドルスなどの仲間がきれいに育ちます。ただしこれらの水草は、ソイル系底床ではダメというわけではありません。砂利で育つ水草は、基本的にはソイル系でも大丈夫です。pH・KHが低すぎる場合は、ブライティK（ADA）などのカリウムを添加して、調整するのもよいでしょう。

■ 底砂の敷き方

　筆者の場合は、いちばん下にパワーサンド（ADA）、その上にソイル系もしくは砂利を敷きます。パワーサンドには栄養分が入っているので、セットした初期にコケが発生してしまうこともあります。しかし、水草の育ちはとてもよくなり、敷かない水槽との違いは歴然です。また、水草水槽の長期維持も容易になります。

　底床を敷く厚さは、5〜7cmが基本です。水草を植えたときに、浮いてこない程度には敷きましょう。

■ 水換えパターン

　水草水槽では、週に1度、水量の半分を換水するのが基本です。ただし水槽を新たにセットしたときには、その後1週間はほぼ全量の換水を毎日続けます。ソイルやパワーサンドに含まれた肥料分が原因となって、この期間はコケが発生しやすいからです。

　その後、数日間は水換えを控え、またコケが生えてくる頃になったら、魚を入れるといいでしょう。

● 水草に適する環境を整えよう

水草の生長には、光、二酸化炭素、肥料が必要です。二酸化炭素の添加方法は、本格的な水草レイアウトには「高圧ボンベ式」が主流で、丈夫な水草や小型水槽などのお手軽レイアウトでは「プッシュ式」も使用できます。肥料は専用品がありますが、ソイル系底床の商品によっては肥料となる成分が含まれていることもあります。この3要素は、いずれも多めに与えればよいというわけではありません。水草の生長具合やコケの出方などを見ながら、バランスを調整していきましょう

ライト

フィルターは外部式が最適

二酸化炭素

ソイル系底砂

高圧ボンベ式
高圧ボンベ内の二酸化炭素を、バルブを開閉して水槽内へ送り込む。添加量の増減が容易なので、本格的な水草水槽で使われる

プッシュ式
ボンベ内の二酸化炭素を、スプレーのようにプッシュして水槽へ送り込むもの。添加量の増減はしにくいが、容易に扱える

水草には水質浄化作用があるので、水槽内環境がしっかりと落ちつけば、その後は週に1度の水換えで、きれいな水槽が維持できるはずです。

■ 肥料

何でも入れればよいというわけではなく、これもバランスが大事です。偏った成分を入れすぎると、水草は吸収できません。むしろ、コケが発生する要因になってしまいます。

特に低pHが必要なトニナsp.やスターレンジを育てている水槽では、「pH・KH降下剤」が使用されるケースが多いです。その場合は、pHを上昇させる要因となるカリは、入れないほうがよいでしょう。

■ 生物を使ったコケの除去法

スポンジなど市販のコケ取りグッズのほか、コケ取り生物を使って対処する方法があります。

コケ取り生物は種類によって食べるコケが異なるので、使い分けるといいでしょう。たとえば、水槽セット初期に発生しやすいトロロ状ゴケや茶ゴケにはオトシンクルスを、緑色の糸状ゴケにはヤマトヌマエビを、黒いヒゲ状ゴケにはフライングフォックスで対処します。ただし、トニナsp.やスターレンジ、アルテルナンテラなどの水槽には、エビは入れないでください。これらの水草が、食べられてしまうからです。

様々な疑問を解決！
アクアリウムにまつわるQ&A

アクアリウムを楽しんでいく上で、直面しがちな疑問について取り上げました。実際には他にも様々な出来事に向かい合うことと思いますが、経験を積んでいくことできっと乗り越えられるはずです。失敗も糧にしながら、この素晴らしい趣味を末永く楽しんでください

Q1
水槽をセットしてから1週間経ちましたが、水が白く濁ったままです。毎日水換えしているのですが、何が原因でしょうか？

いずれ、ろ過バクテリアが増殖し、水は透明になるはずです。ろ過バクテリアは魚が出す汚れ（アンモニア）を餌に増殖しますから、手始めに丈夫な魚（アカヒレなど）を少数飼うのもよいでしょう。そのような魚をパイロットフィッシュと言います。

Q2
水槽に小さな貝が大発生しました。どうすれば駆除できますか？

その貝はおそらく、購入した水草に付いてきたのでしょう。貝類はフグがよく食べます。大きな貝は手で取り除いて、小さな稚貝をフグに食べてもらうような二段構えで対応すれば、しばらくしたらいなくなるでしょう。貝対策に使える淡水フグには、アベニーパファーなどがいます。ただし、どのフグも他の魚のヒレをかじるので、他に魚がいる場合は貝がいなくなるまでフグ以外を別の水槽へ移すなど、対処が必要です。フグの他には、アノマロクロミス・トーマシィという小さなシクリッドも貝を食べます。

貝を食べてくれるトーマシィ。全長7cmほどのアフリカ河川産シクリッドで、繁殖も容易に楽しめる

Q3
ネオンテトラ2匹のお腹がものすごくふくれています。これは病気ですか？それとも抱卵しているのでしょうか？

養殖が進んだ弊害か、ネオンテトラは餌を与えるとたいへんお腹が膨らんで、うまく泳げなくなるような個体もいます。体調が悪い様子がなければ、問題ないでしょう。

ネオンテトラは古くから養殖が盛んなだけあって、そのぶん改良も進んでいる。写真はロングフィンタイプ

Q4
「水槽の水が蒸発したら足す」をくり返していれば、水換えはしなくても平気でしょうか？

水換えは必ず行ないましょう。水換えには、「飼育水に溜まった有害物質を取り出す」という目的があります。水換えしなければ、有害物質は飼育水に残ったままなのです。

Q5
グッピーは普通に泳いでいるのですが、ミナミヌマエビだけが死んでしまいます。30cm水槽で外部式フィルターを使用し、CO_2を添加しています。

高水温か水草に付いた薬品が原因でしょう。エビ全般に言えることですが、魚が元気なのにエビだけが死んでしまうときの原因は、ふたつあります。

まず、酸素が足りないこと。エビは魚よりも酸欠に弱い生き物です。そのため、高水温にも弱いのです（水温が高いほど酸素が溶けにくい）。酸欠（高水温）が原因と疑われる場合は、エアレーションしたりクーラーで水温を下げるなどして、状況を改善しましょう。

また、水草に付いている薬品が原因で、エビが死んでしまうこともあります。買ったばかりの水草が、水槽内にありませんか？　水草は流通の際に、殺菌や殺虫のために薬品が塗布されます。エビ類はこの薬品に弱く、残留していると死んでしまいます。薬品にやられているときのエビは、水流のある場所に集まってジッとしていることが多いので、これが見られたら水草を疑ってください。場合によっては、新しい水草を入れてから数分のうちにエビが全滅してしまうこともあるほどです。

対処法は、買ってきた水草を1～2ヵ月ほど別の水槽で育成してからエビの水槽へ移す（導入の際は少数のエビでテストする）、水草に付いた薬品を除去する製品で洗ってからエビ水槽へ入れる、ショップで「薬品除去済みでエビにも安全」と謳われている水草を購入する、などです。

Q6

魚病薬を使うと、ろ過バクテリアが死んでしまうと聞きました。となると、飼育水槽では魚病薬を使いにくいのですが、どうすればよいですか?

観賞魚用の魚病薬は、ろ過バクテリアにダメージを与えることがあります。それを防ぎたい場合は、水槽を別に用意して、そこで病魚を薬浴するしかありません。

もっとも、病気が出た水槽の環境を、ことさら大切にする必要もないという考え方もあります。つまり、病気の原因が蔓延しているわけですから、その水槽ごと薬浴して病気の原因を一度取り除くのもひとつの手です。その時は、魚が完治して、薬効が切れたら、そこからもう一度ろ過バクテリアの充実した環境を目指せばよいのです。

Q7

今ネオンテトラがいる水槽で、エンゼルフィッシュとグッピーも一緒に飼いたいです。問題ないでしょうか?

止めたほうがいいでしょう。エンゼルフィッシュは口に入る魚は食べますし、自分よりも弱い魚を威嚇することも多いので、それらの混泳は避けたほうが無難です。もし混泳させるのであれば、エンゼルが小さいうちだけにしましょう。

エンゼルフィッシュは、小さなエビも食べてしまうことがある

Q8

底砂を敷いていない水槽で、水草をポットに入れたまま置いています。このままでも育成できますか? 種類はクリプトコリネとアヌビアスです。

しばらくはそのままでも育成できますが、長期になるとポットのウールの中で根が腐ったりして調子を崩すことが多いので、ポットから外したほうが無難です。アヌビアスの仲間は石や流木に活着させておけば、底砂のないベアタンクでも使いやすいでしょう。

購入時に付いているウールや鉛などは、外しておくほうが水草の生長がよい

Q9

エアポンプの音がうるさいのですが、どうしたらいいですか?

エアポンプの下に、ホームセンターなどで売っている防振シートを敷くと軽減できます。また、エアポンプを吊り下げることも効果があります。

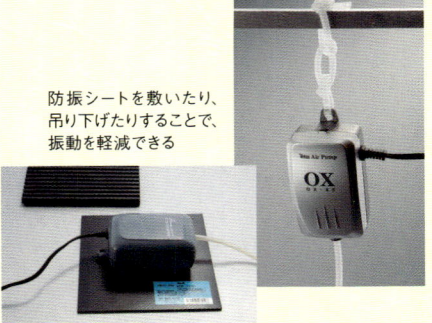

防振シートを敷いたり、吊り下げたりすることで、振動を軽減できる

Q10

買ってきた流木が沈みません。どうすればよいでしょうか?

たいていの流木は、すぐには沈みません。急ぐ場合は、石を重しにする、流木を沈むまで鍋で煮る、流木のアク抜き剤に浸けておく、などの方法があります。また、自分で拾ってきた流木を使う場合は、流木にカビや虫などが付いている可能性があるので、熱湯で消毒をすることをおすすめします。

Q11

死んでしまった魚は、どうすればよいでしょうか? 小さな魚は庭に埋められますが、アロワナのような大型魚はどうすれば?

ゴミとして処理するのが無難です。愛着のあるペットの最後がゴミという点に抵抗を覚えるかもしれませんが、衛生面で考えればベターでしょう。いけないのは「優しい気持ち」で川や池などに捨てることです。その魚が持っている病気が自然界にばらまかれる恐れがあるので、絶対に止めましょう。

話はズレますが、大きくなりすぎて飼いきれなくなった大型魚を川や池などに逃がす行為も止めましょう。本来の生態系を壊したり、病原菌をばらまくことにつながります。魚に限らずどの生き物の場合でも同様ですが、飼育者には「最後まで飼う」という責任があります。どうしても飼い続けることが不可能な場合は、ショップへ相談するなりして、飼い主を探しましょう。本来はそうならないよう、先のことをよく考えてから飼育を始めることが大切です。

Tetra ヘルシーな水で魚を健康に！

AquaSafe 日本仕様
テトラ アクアセイフ
熱帯魚を守る水つくり

- 水道水の重金属無害化
- 魚の表皮・エラを保護する水に調整
- ストレスを緩和する水に調整
- 透明な水をつくる

ヘルシーな水で魚を健康に

淡水・海水用
内容量 250ml

NEW

水道水の重金属無害化
水道水に含まれる有害な重金属（銅・亜鉛・鉛・カドミウムなど）を無害化します。

魚の表皮・エラを保護する水に調整
強力保護コロイドが魚の表皮・エラを保護する水に調整します。

ストレスを緩和する水に調整
ビタミンB₁を含有し、水槽の水に活力を与え、魚のストレスを緩和する水に調整します。

透明な水をつくる
天然の海藻抽出成分がろ過バクテリアの定着を促進し、健康でクリアな水を作ります。

魚の活力を促す水にする
マグネシウム／ヨウ素を含み、魚の活力を促す健康な水を作ります。

多くのショップ、アクアリストが認める高い効果

発売以来"魚を守る水をつくる"その効果の高さから、水槽セット時、水替え時の必需品として、アクアリストや魚の輸入のプロからも多く利用されて来た「テトラ アクアセイフ」が、魚を守りながらさらに健康増進する飼育水に調整する新製法を導入してリニューアル。水と魚をヘルシーに保ちます。

熱帯魚を守る水つくり
テトラ アクアセイフ

希望小売価格　100ml ¥490（税別）　250ml ¥1,110（税別）　500ml ¥1,880（税別）　1ℓ ¥3,250（税別）　5ℓ ¥10,500（税別）

大型計量カップ付

好評発売中
テトラの水質調整剤で観賞魚飼育を快適に!!

テトラ コントラコロライン／テトラ パーフェクトウォーター
テトラ イージーバランス／テトラ バイタル／テトラ ブラックウォーター
テトラ セイフスタート／テトラ ナイトレイトマイナス／テトラ PH/KHマイナス
テトラ フローラプライド／テトラ アルジミン

情報がいっぱいのテトラ ホームページをご利用ください。　www.tetra-jp.com

テトラ ジャパン株式会社　〒153-0062 東京都目黒区三田1-6-21 アルト伊藤ビル
テトラ インフォメーションセンター　☎03-3794-9977

表示価格はメーカーの希望小売価格（税別）です。

High Power LED Lamp

GrassyLeDio RS122

生体が生き生きとし、水の景観も楽しめます！
自然光ＬＥＤ！観賞と育成を両立

水の透明感
艶やかな緑
鮮やかな赤

自然光LED
太陽光に近い光の分布で物体の色を忠実に再現するLEDです。
※FreshWhite

（実用新案出願済）
10000K　Ra93

海洋系スペクトル！ここに完成！

LeDio RS122 color **FreshWhite**
LeDio RS122 color **ReefWhite**
LeDio RS122 color **ReefBlue**
LeDio RS122 color **ReefDeep**

すべての色において高い演色性を示す
GrassyLeDioRS122　FreshWhite

アクアリウム業界最高水準
高色温度10000Kで驚異の演色性 **Ra93**
実用新案出願済

RS122/FW10000K Ra93
一般的な白色LED(6500K Ra73)

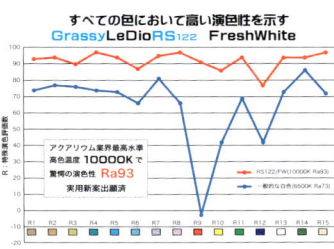

●演色性とは
本来の色がどれだけ表せるかを示すもので、平均演色評価数（Ra）という数値で表され、太陽光を基準とし「Ra100」に近いほど、色の再現性が高いとされます。一般的なLED電球ではRa70台のものが多い。（上図例 Ra73）
※R9の値は赤色が美しく映える証しです。（FW実測値 R9＝91）

光合成に有効な光を注ぎます！

現在アクアリウム向けに流通しているLED照明と言えば、その多くは白と青のLEDを混合して構成されたものばかりです。光合成生物の要求する光合成色素の吸収スペクトルと重ね合わせてみた場合、白色LEDだけでは、500nm前後と650nm以降の帯域の光強度が非常に弱く、ピーク値で見ても相対値の2割程度しかありません。素子によってはもっと低くなります。

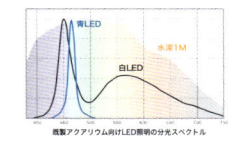

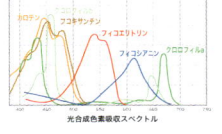

この帯域は、カロテノイド系色素がもっとも利用している波長であり、ミドリイシも活発に利用しています。また、褐虫藻の主色素であるクロロフィルは、青色と赤色に要求の大きなピークがあり、一般的な白色LEDではこのうち赤色の要求に対して完全には応えられません。そもそも太陽光は、陸上に於いても海中に於いても、そのもっとも大きなピークは500nm近辺です。しかし一般的な白色LEDは、逆にこの帯域がもっとも低い値を示しているのです。
GrassyLeDio RSシリーズは、この不足する帯域をLED混色技術により補い、海洋性生物や水生植物の生息環境に適した光を照射します。

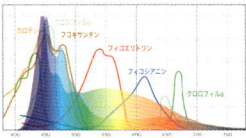

株式会社ボルクスジャパン
volxjapan
〒675-0112 兵庫県加古川市平岡町山之上349-4
www.volxjapan.co.jp

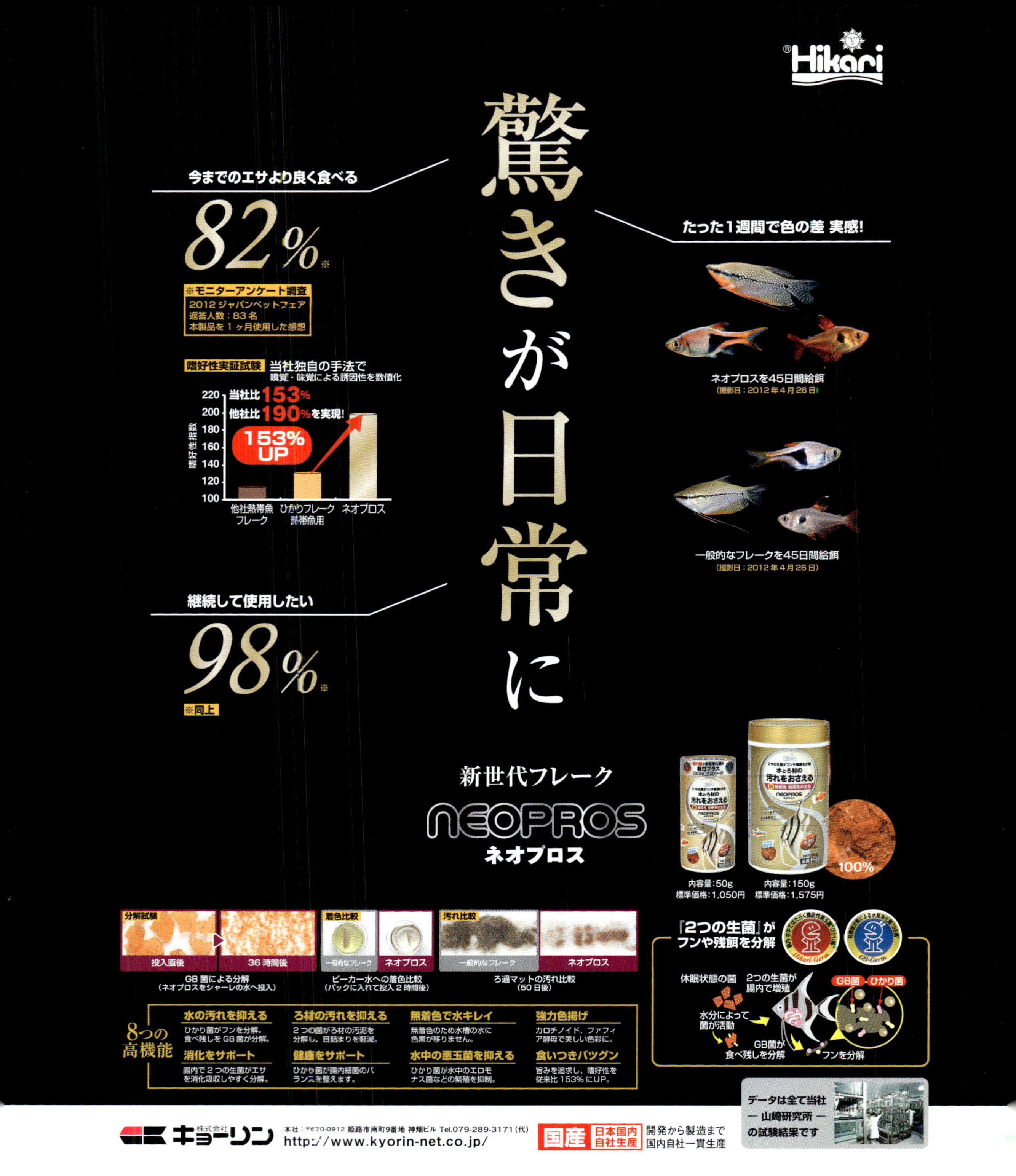

驚きが日常に

Hikari

今までのエサより良く食べる
82%※

※モニターアンケート調査
2012 ジャパンペットフェア
返答人数：83名
本製品を1ヶ月使用した感想

嗜好性実証試験
当社独自の手法で嗅覚・味覚による誘因性を数値化

- 当社比 **153%**
- 他社比 **190%** を実現!

153% UP

（棒グラフ：他社熱帯魚フレーク／ひかりフレーク熱帯魚用／ネオプロス）

継続して使用したい
98%※

※同上

たった1週間で色の差 実感!

ネオプロスを45日間給餌
（撮影日：2012年4月26日）

一般的なフレークを45日間給餌
（撮影日：2012年4月26日）

新世代フレーク
NEOPROS ネオプロス

内容量：50g　標準価格：1,050円
内容量：150g　標準価格：1,575円

『2つの生菌』がフンや残餌を分解

Hikari-Germ ／ GB-Germ

休眠状態の菌 → 水分によって菌が活動 → 2つの生菌が腸内で増殖 → GB菌が食べ残しを分解／ひかり菌がフンを分解

分解試験
投入直後 ／ 36時間後
GB菌による分解
（ネオプロスをシャーレの水へ投入）

着色比較
一般的なフレーク ／ ネオプロス
ビーカー水への着色比較
（パックに入れて投入2時間後）

汚れ比較
一般的なフレーク ／ ネオプロス
ろ過マットの汚れ比較
（50日後）

8つの高機能

- **水の汚れを抑える**：ひかり菌がフンを分解。食べ残しをGB菌が分解。
- **消化をサポート**：腸内で2つの生菌がエサを消化吸収しやすく分解。
- **ろ材の汚れを抑える**：2つの菌がろ材の汚泥を分解し、目詰まりを軽減。
- **健康をサポート**：ひかり菌が腸内細菌のバランスを整えます。
- **無着色で水キレイ**：無着色のため水槽の水に色素が移りません。
- **水中の悪玉菌を抑える**：ひかり菌が水中のエロモナス菌などの繁殖を抑制。
- **強力色揚げ**：カロチノイド、ファフィア酵母で美しい色彩に。
- **食いつきバツグン**：旨みを追求し、嗜好性を従来比153%にUP。

データは全て当社山崎研究所の試験結果です

株式会社キョーリン
本社：〒670-0912 姫路市南町9番地 神畑ビル Tel.079-289-3171（代）
http://www.kyorin-net.co.jp/

国産 日本国内自社生産
開発から製造まで国内自社一貫生産

西日本最大級の総合ペットチェーン ひごペットフレンドリー

※全店10:00～21:00まで営業中！詳しくは各店までお問い合わせください。

各店のオススメ魚種を表記しています

KYOTO

イオンタウン加古川店
オススメ：小型美種／大型肉食魚／プレコ
〒675-0052 加古川市東神吉町出河原862　イオンタウン加古川内
TEL.079-434-1102

クラウンパーク伊丹店
オススメ：水草／大型肉食魚／海水魚
〒664-0026 伊丹市寺本6-69-1　クラウンパーク伊丹内
TEL.072-777-3058

南千里店
オススメ：海水魚／大型肉食魚／金魚
〒565-0823 吹田市山田南52-3
TEL.06-6876-8806

京都店
オススメ：海水魚／大型肉食魚／金魚
〒612-8393 京都市伏見区下鳥羽渡瀬町140
TEL.075-612-0646

岸和田店
オススメ：水草／海水魚
〒596-0805 岸和田市田治米町51-4
TEL.072-440-3063

ベルファⅡ都島店
オススメ：水草／大型肉食魚／海水魚
〒534-0016 大阪市都島区友渕町2丁目15-28　ベルファⅡ
TEL.06-6924-6720

東淀川店
オススメ：アピスト／小型シクリッド
〒533-0022 大阪市東淀川区菅原7-5-34
TEL.06-6990-5120

瓜破店
オススメ：水草／金魚／小型魚
〒547-0024 大阪市平野区瓜破1-10-14
TEL.06-6703-8660

年間2,500,000匹の販売実績!!
一般種からレア種まで続々入荷中！
ブログ・ホームページをチェック!!
http://www.higopet.com

HYOGO　NARA

堺プラットプラット店
オススメ：コリドラス／日本産淡水魚／国産グッピー
〒590-0985 堺市堺区戎島町3-22-1　南海プラットプラット4F
TEL.072-282-8311

泉ヶ丘店
オススメ：水草／ベタ／金魚
〒590-0104 堺市南区土佐屋台1296
TEL.072-237-4511

オークタウン大和高田店
オススメ：金魚
〒635-0015 奈良県大和高田市幸町3-18　オークタウン大和高田1F
TEL.0745-53-1010

田原本店
オススメ：コリドラス／国産グッピー
〒636-0246 奈良県磯城郡田原本町大字千代211-1
TEL.0744-33-6909

オークタウン貝塚店
オススメ：水草／ポリプテルス／金魚
〒597-0021 貝塚市小瀬91-1　オークタウン貝塚1F
TEL.072-437-4337

OSAKA　WAKAYAMA

(仮)パームシティ和歌山店
2013年12/6(金)グランドオープン(予定) 和歌山最大級
オススメ：金魚／大型肉食魚／ベビー
〒640-8433 和歌山市中野31-1　パームシティ和歌山内
TEL.073-480-6366　FAX.073-480-6367

有効期限 2018年12月31日まで

ひごペットフレンドリー はじめての熱帯魚飼育 特典
お買い上げ金額より 10%OFF
※アクア生体、アクア用品のみに利用できます
※ひごペット全店でご利用可能です
※他の割引サービスとの併用はできません

Aquarium TOJO Family

あなたも水景デザイナーとして独立しませんか？

詳しくはホームページをご覧ください
資料ダウンロード
www.tojo1.com

株式会社アクア環境システム
TOJO Aquarium

東城久幸

テレビ東京人気番組
「ソロモン流」賢人としてメイン出演、
その他テレビラジオ多数出演、
日本観賞魚振興事業協同組合役員
水景デザイナー・水景フォトグラファー
アクアリウムセラピー研究家
株式会社アクア環境システムTOJO代表取締役

アクアリウムを通して人々に癒しを提供。
レンタル方式により安定収入が可能！

私たちが創造するのは、芸術性の高いデザインにより、水槽全体がアート作品となるアクアリウム。
この美しい水槽により、多くの方に癒しを提供したいと考えています。
クォリティを保つには毎週メンテナンスに伺う必要があるため、レンタル方式を採用。
長く継続されるお客様が多いので、安定した収入が見込めます。
プロの技術や知識はもちろん、
営業方法なども研修で学べますから未経験でも大丈夫。
まずは資料をご覧ください！

扱う商品サービスの概要
- 提供するのは数々のコンテスト受賞実績を持つ代表・東城久幸とそのスタッフ達により確立した、美しく芸術的で人を癒す水景アクアリウム。
- 個性を活かしクォリティの高い作品をつくることで人に喜ばれる仕事です。
- 扱うのはミニ水槽〜水族館クラスまで大小様々。
  熱帯魚、海水魚、サンゴ、水草などで独自の世界をつくります。

顧客の特徴・市場性
- 現在のTOJOのお客様は全国に2000件以上、そのうち医療系法人35%、個人宅20%、企業22%。ホテル、レストラン、理美容、ネール・エステサロン、店舗やショールーム、駅や空港などの公共施設はじめ、業種を問わずニーズがあります。
- 高い芸術性とメンテナンス技術により、長期契約のお客様が多数。
  設置した水槽が広告となり顧客が増えていきます。

開業後のフォロー
- オリジナルのパンフレット・デジタルカタログ・水槽・PCシステムの利用が可能
- 魚、水草、器具類の卸問屋を紹介
- 本部に仕事の依頼があった場合、最寄りの加盟者に紹介
- TOJOショールームや事務所を商談等に使用可能
- 低料金でHP、名刺・パンフレットを制作
- お客様の水槽に独自の損害保険を摘要

このビジネスの強み
- TOJOではFC加盟者を"Family"と呼び、本部と仲間が様々な面からサポート。現在は70Family。2015年末に300Familyを目指します。
- 水槽はレンタルシステム。毎週訪問しメンテナンスをすることで、継続性があり安定収入が可能。
- 10年以上のお客様もおり、医療系法人の解約率は18年間ゼロ%（Family全体実績）。

開業前のサポート
- 「通信講座＋5日間研修」あるいは、遠方の方は「通信のみ」の選択可能
  魚や水草に関する知識や水槽のレイアウト、顧客開拓方法や領収書の書き方まで、TOJOの技術や経験を余すところなくお伝えします。
- 「TOJO認定 水景デザイナー class C」資格を授与
  認定資格試験を行い合格者にIDカードを発行。営業時の信頼の証となります。

水景デザイナー資格はCからスタート。試験を受けB、A、スペシャリストへと昇格可能！
器具、生体など、全国どこにでも発送いたしますので、希望の地域での開業が可能です。
詳しくは弊社ホームページをご確認ください。

http://www.tojo1.com/

株式会社アクア環境システムTOJO　〒141-0031　東京都品川区西五反田3-12-14　東京技販ビル1階　TEL：03-5745-0258　FAX：03-5745-0257

Water Engineering
製造・販売　ウォーターエンジニアリング

はじめての熱帯魚だけど・・・
リバースを使えば楽に飼えるんです

補助ろ過材
リバース・リキッド フレッシュ
カルキやコケなど汚れの原因をもとから取り除きます。
グレインとの併用がオススメです。

ベースろ過材
リバース・グレイン フレッシュ
入れるだけで熱帯魚や水草飼育に最適な水質を作れるろ過材です。
また、コケも出にくく水換えの回数が激減します。
リキッドを併用すれば、より水質を長期維持できます。

補助ろ過材
リバース・グレイン ソフト
より軟水を好む魚や水草の飼育に最適な水質を作れます。
小型水槽なら、これだけで飼育できます。

補助ろ過材
リバース・グレイン ソフト 6.8
ソフトを使用してもpHが下がらない水道水のpHを6.8前後に、GH・KHを1前後に固定します。

魚種別ろ過材
リバースプラス グレイン ゴールド
金魚や鯉の飼育に最適な水質を作れるろ過材です。
pHの低下を防止しながら硬度の上昇も防ぎます。

WATER REBIRTH SYSTEM 再生

イオン吸着ろ過材　リバース
REBIRTH
http://www.water-eng.net

お買い求めはお近くの特約店でどうぞ

AQUA RELATION アクアリレーション

http://relation8888.blog.fc2.com/

地域トップクラス！充実在庫！
小型から大型魚まで、特にポリプ充実

P.エンドリケリィ
カーディナルテトラ

初心者の方、親切に指導いたします。

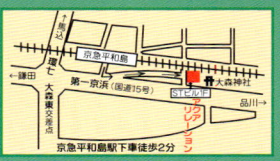

京浜急行平和島駅 下車 徒歩2分

〒143-0016 東京都大田区大森北6-31-5 STビル1F
TEL.03-5767-8778　FAX.03-5767-8780
営業時間／12：00〜21：00　定休日／木曜日

ビーシュリンプと小型美魚のお店

レッドビー、シャドー、ターコイズ、紅蜂シュリンプ、他厳選個体のみ在庫！
南米直行便、アピストグラマ エリザベサエ、メンデジィ、他極美個体入荷中！
詳細はHPまたはブログをご覧下さい。
自家繁殖アルタムエンゼル　在庫はTELにて。全国発送可。

http://www.sakanakoubou.com

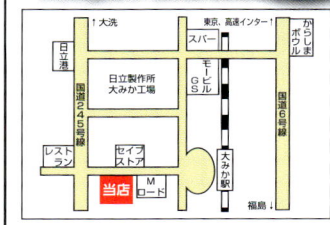

魚工房

営業時間
平日 12:00〜20:00
日祝 11:00〜19:00
定休日／火曜日

TEL 0294-52-6681
〒319-1221 茨城県日立市大みか町 3-23-3

中国地方最大級の熱帯魚・観賞魚専門店

水槽本数500本、800種類以上の淡水＆海水魚、水草etc.、豊富な在庫で皆様をお迎え致します。
インテリア水槽の設計、施行、メンテナンス各種ご相談ください。

水質検査毎日実施中！
水槽の水コップ1杯お持ち下さい！

水族プラザ
有限会社 みつい園
ブログ毎日更新中！

広島県福山市道三町13-22（霞小正門前）
TEL.084-921-5949
営業時間／10:00〜19:30
定休日／毎週水曜日（祝日の場合は営業）

http://www.mitsuien.co.jp

JR福山駅より徒歩10分、駐車場完備

PET BALLOON

一般熱帯魚コーナーでは直輸入を活かしたリーズナブルな価格にて販売させて頂いております。世界中のカラフルな熱帯魚が販売されており、専門的な知識を持ったスタッフが丁寧な説明と接客をさせて頂きます。
水草コーナーではビギナーからプロの方まで満足頂けますようリーズナブルなものからトロピカを代表とする各ブランド水草に至るまで各種在庫を取り揃えしております。

人気のブログでは最新入荷情報や特定情報なども掲載してますのでぜひご覧下さい!!

無料駐車場50台以上完備

http://www.petballoon.co.jp

ペットバルーンサウス店

〒593-8315　大阪府堺市西区菱木 2-2430
TEL.072-272-5302　FAX.072-272-5304
営業時間：月〜土12:00〜21:00　日祝11:00〜20:00
定休日：火曜日（祝日の場合は翌日振休）

エムピージェー
からのお知らせ
To All Aquarists.

熱帯魚を飼育するなら、まずはアクアライフ

初心者から上級者まで楽しめる熱帯魚の飼育情報誌

BACK NUMBERS

お得で便利な年間購読も受付中。詳しくはWEBで!!

号	特集	定価
2012年12月号	アクアリウムに夢中	880円
2013年1月号	熱帯魚図鑑500 ※2013年ビッグサイズカレンダー付き	980円
2013年2月号	プレコ☆フィーチャー	880円
2013年3月号	魚が主役!の水槽づくり	880円
2013年4月号	水槽の花 改良ベタの世界	880円
2013年5月号	メダカ飼育相談所	880円
2013年6月号	水槽の底モノ大集合!	880円
2013年7月号	スマートアクアリウムのすすめ	880円
2013年8月号	涼しげ水草レイアウト	880円
2013年9月号	金魚の花道	880円
2013年10月号	アピストグラマぷち大全	880円
2013年11月号	ダイバーシティアクアリウム	880円

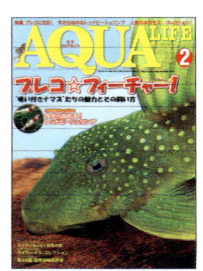

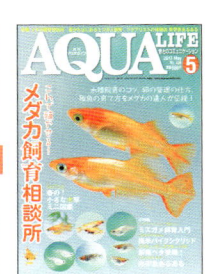

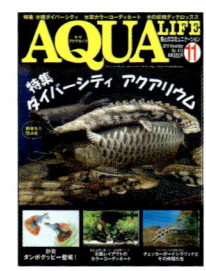

http://www.mpj-aqualife.com

※上記に無い月号はWEBよりご確認ください
※価格は全て消費税5%をふくんでおります(2013年11月現在)

● 全国の書店・ペットショップでご注文・お買い求めください。
手に入れにくい場合にはWebサイトまたはお電話でエムピージェーまでお問い合わせ・ご注文ください。

1. WEB注文
エムピージェーのWeb＆モバイルショッピングサイトからお求めいただくとポイントが付いてお得です。WEBでのご注文は24時間受付。

2. 宅急便代金引換発送
「コレクトサービス」によるご購入。電話、FAXにてご注文ください。
料金は本代＋送料＋コレクト料金（350円）です。
（平日の午後3時までにご注文いただければ即日発送可能）

3. 郵便振替（発送までに2～3週間かかります）
郵便局の振り込み用紙を利用して本代＋送料を送金してください。
振り込み用紙に購入希望の本のタイトルを明記してください。
郵便振替口座　株式会社エムピージェー　00150-6-0666063

4. 現金書留（発送までに1～2週間かかります）
郵便局から現金書留封筒で、本代＋送料を送金してください。
購入希望の本のタイトルを明記して、封筒に同封してください。
● 送料：1冊200円、2冊以上350円。
● 電話による受付は平日の午前10時30分～午後5時まで。
● ご注文先
株式会社エムピージェー
〒221-0001　神奈川県横浜市神奈川区西寺尾2-7-10 太南ビル2F
TEL.045-439-0160　FAX.045-439-0161
※土日祝年末年始は定休
http://www.mpj-aqualife.com

エムピージー
からのお知らせ
To All Aquarists.

生き物をはじめて飼育する方にオススメ！

飼育に必要なことを初心者にもわかりやすく説明しています

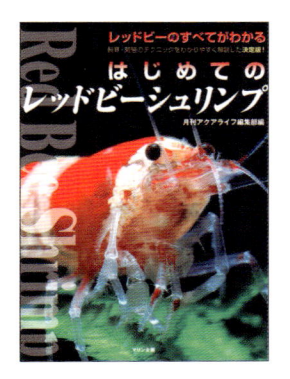

はじめてのレッドビーシュリンプ
レッドビーカタログ、飼育器具、さらに飼育繁殖のコツを詳しく解説。
●A4変形判／112ページ　●定価／1,600円

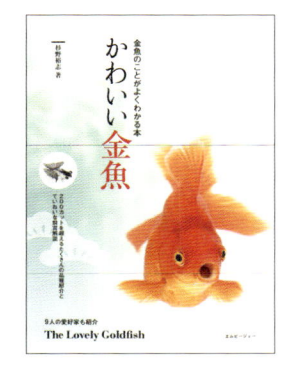

かわいい金魚
金魚飼育に関する知識を幅広く網羅。金魚カタログ、飼育準備、病気対策、繁殖など。
●B5判／144ページ　●定価／1,890円

メダカのすべて
めだかの飼育方法を初心者にもわかりやすく紹介。品種カタログも掲載。
●A5判／128ページ　●定価／1,260円

はじめての水草
水草育成のノウハウが盛りだくさんの1冊。水草カタログやレイアウト例も充実。
●B5判／112ページ　●定価／1,470円

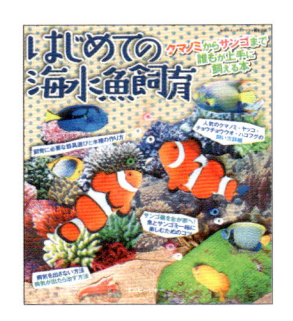

はじめての海水魚飼育
クマノミをはじめとする美しい海水魚やサンゴの上手な育て方をまとめた1冊。
●A5ワイド判／112ページ　●定価／1,470円

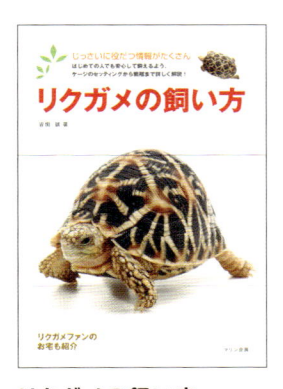

リクガメの飼い方
リクガメとの付き合い方をわかりやすく紹介。飼育方法から繁殖まで、飼育のすべてを網羅。
●B5判／128ページ　●定価／1,680円

ミズガメのいろは
これからミズガメの飼育をはじめてみたい方にピッタリの1冊。ミズガメカタログも充実。
●B5判／96ページ　●定価／1,680円

フトアゴヒゲトカゲと暮らす本
ペットとして人気の爬虫類フトアゴヒゲトカゲの飼育書。初心者にもわかりやすく解説。
●B5判／96ページ　●定価／1,680円

http://www.mpj-aqualife.com

※価格は全て消費税5％をきんでおります（2013年11月現在）

●全国の書店・ペットショップでご注文・お買い求めください。
手に入れにくい場合にはWebサイトまたはお電話でエムピージーまでお問い合わせ・ご注文ください。

株式会社エムピージー　〒221-0001　神奈川県横浜市神奈川区西寺尾2-7-10 太南ビル2F　TEL.045-439-0160　FAX.045-439-0161

テキスト	大美賀 隆（P51、P55、P59、P65、P68、P73、P77、P82、P85、P86〜87、P88〜97）、村瀬一貴（AQUA GALLERY GINZA：P114〜117）、月刊アクアライフ編集部
撮影	石渡俊晴、大美賀 隆、オリバー・ルカナス、クリス・ルクハウブ、笹生和義、JACC（Japan African Cichlid Club）、橋本直之、宮本佳彦
イラスト	松野卯織
デザイン	酒井はによ（t-head design）
編集	伊藤史彦
協力	赤沼敏春、アグアアマゾン倶楽部、アクア環境システムTOJO、AQUA GALLERY GINZA、アクアグァポス、アクアショップかのう、Aqua Shop Galaxy、AQUASHOP SUEA、アクアステージ21、アクアテイク-E、アクアテイラーズ、アクアデザインアマノ、アクアペットかねだい、アクアランドまっかちん、アクアリウム二房ブルーハーバー、アクアリレーション、天野慎士、アレックスアクアリウム、An aquarium.、ウォーターエンジニアリング、WATER HOUSE ACT2、H2、エーハイム ジャパン、オーエフワイサガミ、尾内一裕、神畑養魚、木村 実、キョーリン、クロコ、黒田真二、コトブキ工芸、魚工房、JACC（Japan African Cichlid Club）、J.K.T、ジェックス、シュリンプアリエル、スチュアート・グラント、ステラインターナショナル、スドー、SENSUOUS、田中隆夫、中央水族館、ツーウェイ、デヴィッド、テトラ ジャパン、所沢熱帯魚、トロピランド、中塚外志男、西川洋史、日本観賞魚貿易、日本動物薬品、パウパウアクアガーデン銀座店、ひごペットフレンドリー、ベタショップ フォーチュン、ペットバルーン、ボルクスジャパン、みつい園、山田真吾、豊商事、リオ

※本書に関するご感想をお寄せください。
http://www.mpj-aqualife.com/question_books.html

はじめての熱帯魚飼育 魚を上手に飼うために必要なもの 必要なこと

2013年11月11日　初版発行

著者	月刊アクアライフ編集部編
発行人	黒澤慶司
発行	株式会社エムピージェー 〒221-0001 神奈川県横浜市神奈川区西寺尾2-7-10 太南ビル2F TEL.045（439）0160　FAX.045（439）0161 http://www.mpj-aqualife.com/
印刷	図書印刷

Ⓒ 株式会社エムピージェー
ISBN978-4-904837-36-8
2013 Printed in Japan

□定価はカバーに表示してあります。
□落丁本、乱丁本はお取り替えいたします。